나는 가정보육을 선택했다

나는 가정보육을 선택했다

박세경 지음

생각의빛

들어가는 글

규리의 세 돌이 지나고 새로운 학기가 시작하는 3월이 되었다. 드디어 규리가 유치원에 다니기 시작했다. 어린이집에 다닌 적이 없으니 규리의 첫 기관 생활이다. 나도 40개월 동안 규리를 돌보느라 하고 싶었던 것을 꾹꾹 눌러놓고 살았다. 임신 기간까지 합치면 4년 만의 홀가분한 몸과 마음이었다. 뭐라도 할 수 있을 것 같은 기분이 오랜만이었다.

나는 육아 분야 전문가도 아니고, 교육 관련 일을 한 적도, 배운 적도 없다. 딸 하나를 키우며 고군분투하는 평범한 전업주부다. 처음엔 '이런 내가 육아 이야기를 할 수 있을까? 육아서는 전문가나 쓰는 거 아니야? 나는 자격 미달인 것 아닐까?' 하는 생각이 들었다.

그런데 평범한 아줌마가 하는 이야기라서 더 공감할 수도 있다. 아이를 다 키우고 나서 하는 이야기가 아닌, 오늘도 현업으로 뛰고 있는 육아맘이라서 가능한 이야기가 있을 거다. 그렇게 생각하니 용기를 낼 수 있었다.

백번 잘해도 한 번 못한 것으로 죄책감이 들고, 내가 가진 것의 최고를 꺼내주면서도 더 잘해주지 못해 항상 미안한 마음이 드는 일. 아무리 오래 해도 경력으로 인정도 안 되고 잘한다고 성과급이 나오는 것도 아니며, 연봉 또한 오르지 않는 일. 실수라도 하면 처음이라 그렇다고 스스로 위로하는 일. 밥은 쫓기듯 코로 먹고, 잠 못 자는 일도 허다하고, 화장실 혼자 가는 자유도 없는 일. 성격 파탄난 듯 소리 지르는 것이 일상인데 아이 얼굴을 보면 또 슬며시 웃고 마는 정신병 같은 일. 이 책은 그런 일들에 대한 기록이다.

원래도 어려운 '사람 만드는 일'이 코로나19 때문에 더 어려워졌다. 사회적 거리 두기 단계가 격상되면서 어린이집과 유치원이 휴원했다. 감염 걱정에 어쩔 수 없이 가정보육을 하게 된 부모들도 많았고 자가 격리를 한다고 휴가를 쓰며 아이를 돌보는 워킹맘들도 많았다. 나 또한 코로나로부터 자유롭지는 못했다. 누구도 열외 없이 모두가 겪어야 하는 일이었다. 오랜 시간 버티려면 빨리 적응해서 버티는 방법을 연구하는 것이 낫다는 생각을 했다.

그렇다. 억지로 떠밀리듯 가정보육을 한 것이 아닌, 내 소신껏 선택한 가정보육이었다. 힘들었지만 인생을 살며 가장 잘한 선택이라 생각되는 가정보육. 이 책은 그 선택과 소신에 관한 이야기이다.

규리와 함께 4번의 겨울을 맞이했고 3번의 봄, 여름, 가을을 보냈다. 숲에서 함께 새소리를 듣고, 작은 생물들을 들여다봤고, 자연물 소꿉놀이도 하고, 놀이 시설에서 대근육을 키웠다. 놀이터에서 같이 모래 놀이를 하며 구슬땀을 흘리고 물놀이를 하며 더위를 식혔다. 눈사람과 이글루를 만들기도 했고 또래 아이들과 뛰어놀았다. 동네 도서관에서 책을 빌리기도 하고, 도서관의 혜택들을 누리면서 시간을 보냈다. 서점이나 북카페, 집 등 책이 있는 공간에서 그림책을 함께 읽었다. 길다면 길고 짧았다면 짧은 기간 동안 아기는 커서 어린이가 되었고 나 또한 많이 성장했다. 이 책은 숲과 놀이터, 책 육아로 아이를 키우는 나의 이야기이기도 하다.

별 것 아닐 수 있는 나의 이야기가 이 책을 매개로 당신에게 닿아 당신의 육아가, 당신의 가정보육이 조금 더 나은 모습이 될 수 있다면 정말 좋겠다. 나의 글들이 인연의 씨앗이 되어 우리가 좋은 관계로 발전하게 된다면 참으로 좋겠다. 오늘도 각개전투와도 같은 육아를 하느라 애 많이 썼을 분들에게 힘찬 응원을 건네본다.

"오늘도 고생 많으셨어요."

2022년 가을,
규리 엄마 박세경

PART 4. 놀이터에서 아이 키우기

PART 5. 요즘 육아 트렌드 책 육아

PART 1.
나는 어쩌다가 가정보육을 하게 되었나?

기관에 다니지 않는 아이

"어린이집 대기 걸었어요?"

"네? 아니요. 벌써 대기를 해야 해요?"

"여기는 아기들이 많아서 어린이집 보내려면 1년 넘게 대기 해야 한대
요. 얼른 대기 걸어요."

아이를 낳고 회음부가 미처 아물지도 않았던 때에 조리원 동기들이 나
눴던 이야기이다. 이제 막 낳아서 핏덩이 같은 아기를 어린이집에 보내
려면 지금부터 대기를 걸어놔야 한다는 것이었다. 아기 낳자마자 어린
이집 대기를 걸어도 전업주부는 내년에도 어린이집에 못 보낼 수 있다
고 했다. 3개월 후에, 6개월 후에, 1년 후에 복직이 예정된 워킹맘들은 어

린이집 대기가 급했고, 자신이 일터에 있는 동안 아이를 돌보아 줄 사람을 구하는 게 중요했다.

다른 세상의 이야기 같았다. 나는 아이가 생기기도 전에 건강상 이유로 퇴사를 해서 다시 돌아갈 회사가 없었다. 전업주부라는 이유로 대기 순번이 밀려서 더 많이 기다려야 한다고 하니 나도 쫓기듯 일단 대기부터 걸어두었다. 아이 사랑 대기 순번은 103번이었다.

아이가 15개월이 될 때까지도 순번이 줄어들지 않았다. 102번, 98번 정도까지 갔다가 3월쯤 되니 다시 백 번 대로 밀렸다. 이건 못 보낸다는 이야기였다. 그때 부랴부랴 아파트 단지 내의 가정 어린이집에 다시 대기를 걸었다. 단지 내의 어린이집이라서 이 아파트가 주소지로 되어 있는 가정으로 우선순위가 매겨졌다. 그래도 전업주부고 아이가 하나여서 순번이 점점 줄다가 3번이 되었을 때 전화를 받았다. 방문해서 상담을 받아보라는 전화였다. (코로나 초기여서 방문 상담이 가능했다.)

어린이집은 내 마음에 들지 않았다. 그 어린이집이 문제가 아니라, 어느 어린이집이었더라도 보내지 않았을 거다. 어린이집에 보내기에 15개월은 너무 어렸다. 방문 상담을 한 다음 날, 보내지 않겠다고 전화를 드렸다. 24개월까지는 내가 키워야지 다짐했는데, 두 돌 지나 어린이집에 보내려면 또 대기를 걸어야 했다. 출산율 낮다 낮다 하더니, 어린이집 대기가 왜 이렇게 오래 걸리는 건지. 내가 사는 동네에는 아기들만 사는 건지.

조리원 동기들은 복직에 맞춰서 아기를 어린이집에 보냈다. 육아휴직을 하고 1년 후 복직이라면 아이가 돌 때 어린이집에 보내는 게 아니고 복직하기 전에 어린이집 적응까지 마쳐야 했다. 그래서 아이가 6개월, 7개월에도 어린이집에서 오라고 하면 보내야 한다. 회사에 복직하기 전에 또 언제 어린이집 순번이 올지 모르니까.

워킹맘이 아니고 전업주부여도 마찬가지였다. 전업주부는 대기 순번에서 밀리니까 더더욱 연락이 잘 오지 않는다. 보내고 싶은 어린이집은 커녕 연락 오는 것에 감지덕지하며 기회를 놓치지 않고 보내야 한다. 나는 이런 기다림이 싫었다. 어린이집을 골라서 갈 수 있는 것도 아니고 오래 대기해서 연락이 오면 엄마의 의사는 상관없이 보내야만 하는 구조. 어린이집이 갑이고 규리와 내가 을이 된 기분이었다. 어린이집 대기 문제에 진절머리가 나서 '내가 더 키우지 뭐.'라는 마음으로 아이 사랑 앱을 지워 버렸다. 그게 가정보육의 시작이었다.

주변의 워킹맘들은 일도 바쁘고 집에 오면 힘이 빠져서 아이와 그만큼 못 놀아주어 미안하다고 했다. 당연하다. 일하면 내 시간을 가져다주고 돈을 받는 게 아닌가. 코로나 때문에 재택근무가 활성화되었지만, 장소만 바뀌었을 뿐 일은 해야 하니 일정한 나의 시간을 투자해야 한다. 하루는 누구에게나 24시간이고 그중에 일정 시간을 회사에서 일해야 하니 아이와의 시간은 줄어드는 거다.

할 수 있는 상황이라면, 아이가 어릴 때는 가정보육을 권하고 싶다. 그러나 상황이 그렇지 않다고 해서 워킹맘들이 죄책감을 느끼지는 않았으면 좋겠다. 신이 모든 곳에 있을 수 없어 엄마를 주셨다는 말이 있다. 엄마는 자신이 처한 상황에서 할 수 있는 한 가장 좋은 것을 주는 게 엄마다. 워킹맘도 전업주부도 모두 엄마다. 이미 엄마로서 아이에게 최선의 것을 주고 있으니 미안한 마음은 내려놓기를.

가정보육의 시작

내 아이는 어린이집에 다니지 않고 40개월이 되었다. 40개월이 될 때까지 엄마인 내가 아이를 키웠다. 처음부터 아이를 어린이집에 안 보내려고 했던 것은 아니었다. 내 건강이 좋지 않아서 1년쯤 아이를 키워놓고 운동을 하려고 했다. 그런데 막상 돌이 되어보니 이제 막 걷기 시작해서 잘 걷지 못했고, 의사 표현은커녕 할 줄 아는 말도 엄마, 아빠 정도였다. 똥오줌도 못 가리고, 밥도 떠먹여 주어야 하는 그냥 아기였다. (집에서 키우는 강아지도 똥오줌은 가리고 배고프면 밥 달라고 한다.) 내가 일을 해야 하는 워킹맘이 아니었기에 아이를 좀 더 키워야겠다고 마음먹었다. '누가 때리면 맞았다고 말은 해야지.', '기저귀는 떼야지.', '자기 밥그릇은 챙겨야지.' 하다 보니 어느덧 40개월이었다.

나는 노는 게 너무 좋다. 노는 게 싫은 사람이 있을까. 할 수만 있다면,

힘닿는 때까지 매일 놀고 싶다. 출산한 후, 아기를 어서 키워서 같이 놀고 싶다는 철없는 생각뿐이었다. 남편은 일하고 돈을 벌어야 하니 나와 놀 수 없었다. 반면 아이는 종일 놀아야 하는 존재이다. 나는 대외적으로 아이와 놀아주는 사람이니 일을 하지 않아도 뭐라 하는 사람이 없었다. 매일 놀면서도 사회적으로 내 위치는 육아하고 살림하는 바쁜 사람이었다.

아이가 걷기 시작하면서부터 아이와 매일 놀았다. 아이와 노는 것은 챙길 것도 많고 힘에 부쳤다. 그래도 참 좋았다. 이별 없는 사랑과 매일 데이트하는 기분이었달까. 사랑하는 가족들은 하루에 한 끼 같이 먹기도 힘든데 아이는 항상 내 옆에 있었고 내가 조금 부지런히 움직이면 생활의 많은 부분을 함께 할 수 있다는 것이 매력적이었다.

늘 외로웠다. 삶의 순간순간 '마음 붙일 무언가'가 필요했다. 그 대상은 사람이 아닐 때가 더 많았다. 청소년기에는 이루고 싶은 꿈이었고, 이십 대에는 다니고 싶은 회사였고, 사랑하는 사람과의 결혼이었다. 그렇게 목표를 세우고 하나씩 달성해가는 맛에 힘든 일들도 버텼다고 생각한다. 삼십 대엔 운동과 술에 의지했다. 그런 내가 아기를 낳았다. 마음 붙일 곳을 찾던 엄마와 자신을 돌봐줄 누군가가 필요한 아기는 환상의 짝꿍이었다. 노는 걸 좋아하는데 외로움까지 타는, 나의 성향이 가정보육을 지치지 않고 할 수 있었던 가장 큰 이유이다.

전례 없는 코로나 19 바이러스가 전 세계를 덮쳤다. 아이가 15개월 즈음이었다. 처음에는 특정 지역과 종교를 중심으로 퍼지던 것이 점점 심해졌다. 24개월 전의 아기들은 마스크 때문에 숨을 못 쉰다고 하여 마스크를 씌우는 것이 의무 사항이 아니었다. 코로나는 사람 사이에 전파되는 전염병이다 보니 걱정이 되었다. 식사도 같이하고 낮잠도 같이 자는 어린이집의 특성상 원생 한 명만 코로나에 감염되어도 파급력이 어마어마할 것이었다. 게다가 나이가 어려 면역력도 약하고 구강기 때문에 장난감을 입에 집어넣기도 하고 손을 빨기도 하는데 어린이집처럼 아기들이 모여 있는 공간이 부담으로 다가왔다. 코로나 19전에도 어린이집에 보내면 감기나 수족구병 같은 전염병을 달고 산다는 말도 들었다. 기관에 보내면 처음엔 병원에 자주 가고 항생제를 먹여야 한다는 것도 너무 어린 개월 수에 기관을 꺼리게 되었던 이유다.

하루가 멀다고 들려오는 어린이집의 학대 소식도 무서웠다. 아기가 어려서 말을 못 하니 학대를 당한다 해도 의사 표현이 안 되고 엄마인 내가 알 수도 없을 터였다. 극히 일부의 어린이집에서 학대가 있었겠지만 대기 순번 때문에 어린이집을 내 맘대로 선택할 수도 없는 상황이니 굳이 어린이집에 보내야 하는지 의문이 들었다.

"사랑하는 내 아가야, 어린이집에 가지 말고 엄마랑 놀자."

너무 슬퍼서 잠이 오지 않았던 그 날 밤

그 날 밤은 남편과 맥주를 마셨던 것으로 기억한다. 다음 날 날이 밝으면 회사에 출근해서 사표를 제출할 생각이었다. 꿈꾸던 직업이 일이 되면 다 좋을 줄 알았다. 하고 싶었던 일이었고, 일이 좋으니 결혼해서 아이를 낳고도 회사에 다니려고 했다. 남들이 하는 것처럼 일은 일대로, 육아는 육아대로 잘 하는 슈퍼우먼이 될 수 있을 거로 생각했다.

약 3개월 동안의 고민 끝에 결국, 퇴사를 결정해 놓고 마음이 흐렸다. 그동안의 시간과 노고들이 아까웠기 때문이리라. 그 날 밤, 그러니까 회사에 사표를 제출하기 하루 전날에 맥주를 마시면서 TV를 시청했다. 평소 TV를 보지 않는 우리 부부가 얼마나 정신이 나갔었는지 알 수 있는 지점이다.

6년이 넘은 지금도 생생히 기억나는 것은 그 날 밤 TV에서 봤던, 어느 워킹맘의 표정이다. 그녀는 어려서부터 부모님 말씀 잘 들었고 공부도 잘 해 명문대학을 졸업하고 대기업에 취직하여 과장이 되었다. 그런데 남부러울 것 없어 보이는 그녀가 얼굴을 일그러뜨리고 울고 있었다. 퇴근 후, 씻지도 못하고 저녁 차려서 아이들 먹이고 본인 밥도 대충 챙겨 먹고 아이들 씻겨서 재운다. 거기서 끝이 아니라 설거지를 하고 빨래를 돌리고, 아이들 반찬을 만드느라 쉬지도 못했다. 낮에는 친정엄마가 아이들을 집에 와서 돌봐주시는데, 살림이나 육아에 대해 잔소리를 하며 갈등이 생겼다. 열심히 살아온 그녀에게 무슨 일이 일어난 걸까.

　본인을 이만큼 뒷바라지하느라 나이 들어 이제는 아프기만 한 친정엄마에게 황혼 육아를 시키는 것도 미안한데, 잔소리 들었다고 엄마에게 화내는 것도 속상했을 거다. 아이들은 아이들대로 하루에 몇 시간 같이 보내지도 못하고 돌보지 못해 미안한 마음이었을 거다. 회사 일과 살림을 하느라 체력적으로 지친 것도 있었을 것이다. (이쯤 되면 남편은 뭐하길래 아무것도 안 하나 생각이 들지만, 남편도 회사에 다니고 일찍 출근했다가 늦게 퇴근한다. 남편은 논외로 해야 한다.)

　그녀가 울 때, 나도 같이 울었다. 맥주를 마셔 술기운에 감정 이입이 된 것도 있겠지만 남 일 같지가 않았다. 그녀는 워킹맘 대부분을 대변하는 것 같았고 나 역시도 회사를 그만두지 않고 출산을 하게 된다면 그녀와 비슷한 삶을 살아갈 것이라는 생각이 들었다. 나 또한 아이들이 커서 내 손이 필요하지 않을 때까지는 열심히 살면서도 누군가에게 미안한 마음과 속상한 마음을 가지고 살아가겠지. 아이와 함께 살고 싶어 아이를 낳아놓고 정작 아이와 같이 있는 시간은 하루에 1~2시간이 고작이겠지.

　이 시대를 살아가는 워킹맘의 현실을 적나라하게 반영해서였을까. 아이를 낳기 전부터 회사 복직 후의 삶에 대해 생각하게 된 계기가 되었다. 그토록 원했던 직장에 어렵게 들어가 얼마 다니지도 못하고 사표를 내는 것에 흐렸던 마음이 싹 걷혔다. 그때 다짐했다. 전업주부의 삶을 살아가겠노라고. 일도 잘하고 육아도 잘 하는 건 아무나 하는 게 아니니 나는 안 되겠다고 백기를 든 거였다.

 지금도 주변의 워킹맘들이 물질적으로 아이에게 풍요롭게 해주는 것을 볼 때 몹시 부럽다. 금방 자라서 못 입을 옷을 척척 사서 예쁘게 입은 아이를 보았을 때, 놀이공원과 키즈카페, 호캉스를 다니는 데 망설임이 없을 때, 비싼 놀이학교와 영어유치원을 척척 보낼 때, 일하는 엄마들은 언제나 꾸며서 흐트러지지 않고 단정한데, 화장기 없는 민낯으로 땡볕에 공원으로 놀이터로 놀러 다닌다고 까매진 내 팔과 발을 내려다볼 때 부럽다가 질투심도 들고 속상하기도 했다. 아이가 크면 부모의 지갑이 필요하다던데, 내가 돈을 버는 게 나았을까. 가지 않은 길에 대한 후회가 들 땐 종종 너무 슬퍼 잠이 오지 않았던 그 날 밤을 떠올린다. 그러면 내가 본 워킹맘들의 모습은 그들의 일부일 거라는 생각이 든다. 정답은 없다. 어느 쪽이든 선택을 했다면 그 선택이 옳게 만드는 것이 인생이라고 배웠다. 이미 선택을 마친 지금은 뒤돌아보지 말고 현재에 최선을 다하는 것이 맞겠지. 그 날 밤을 되새김질하면서 오늘도 세상의 '엄마'들을 응원해본다.

너나 잘하세요

"어린이집 안 보내?"

20

"아이도 사회생활을 해야지."

40개월 가정보육을 하면서 귀에 딱지가 앉도록 들었던 말이다. 처음엔 나도 솔직하게 조금 더 내가 키우겠다고 대답했다. 그런데 아이가 커 갈수록 사람들의 이런 질문이 무례하게 느껴졌다. 내가 되묻고 싶었다. 어린이집을 꼭 보내야만 하는 거냐고. 자기 자식 자기가 키우겠다는데 손톱만큼의 도움도 주지 않을 거면서 왜 어린이집에 보내라고만 하는지. 그런 말 하는 당신은 아이와 몇 시간까지 진심으로 놀아줄 수 있는지. 낳기만 할 거 왜 낳았냐고 묻고 싶었다.

다 널 생각해서 그런 거라고 기관에 보내고 조금 쉬라고 했다. 엄마라면 이 말이 얼마나 모순인지 알 수 있다. 아침에 아이가 기관에 가고 나면 마음 편히 쉴 수 있는 엄마는 없다. 아이가 놀면서 장난감을 널어놓은 집을 치우고 빨래를 돌리고 장을 보고 아이 먹일 반찬이라도 하나 만들어 놓아야 삶이 이어질 수 있다. 일단 쉬고 나중에 할 수도 있다. 그렇지만 몸이 아플 때나 살림을 미루지, 어차피 나 아니면 할 사람이 없는 게 집안일 아닌가.

내가 하는 육아는 가정보육이 아니고 나들이 육아라는 말도 들었다. 가정보육의 '가정'이 '집'을 의미하는 건 아니지 않나? 집 앞의 놀이터에서 노는 것은 가정보육이고 차 타고 멀리 바닷가에서 모래 놀이하는 것은 나들이 육아인가? 이런 말을 하는 사람의 세계관이 엿보이는 말이었다. 가정보육이든 나들이 육아든 무슨 상관이지 싶었는데 나들이 육아도 아이가 하나라서 가능하다는 말을 들으니 화가 났다. 물론 아이가 하나라서 둘 이상일 때 보다는 이동이 쉬울 수 있겠다. 그렇지만 나의 노동이 보이지 않는다고 해서 힘들지 않은 것은 아니다. 외동이라서 가능한 것은 외동이 아니어도 가능하다. 자식이 아예 없으면 노키즈존에 들어갈 수 있지만 하나든 둘이든 노키즈존에 들어갈 수 없는 것은 같다. 자녀가 둘 이상이라 이동이 어렵다는 사람은 아이 하나만 키워도 이동이 어려운 사람인 거다.

또래와 비교하면 체구가 작은 아이를 보면서 애가 안 큰다고 밥은 잘 먹이냐며 묻는 사람들도 많았다. 이건 정말 나도 궁금하다. 어린이집에 보내면 밥 안 먹는 아이가 갑자기 밥을 잘 먹어서 키가 쑥쑥 크는지. 아이의 신체 발달은 유전적 요인 외에도 다른 이유도 많을 텐데, 밥을 잘 안 먹여서 그렇다며 왜 엄마 탓으로 돌리는지. 그러면서 은근히 기관 보내기를 종용하는 사람들이 대놓고 기관에 보내라고 하는 사람들보다 더 싫었다. 아이가 밥 잘 먹으면 먹는 모습만 봐도 배부른 게 엄마 아니던가. 엄마는 누구보다도 잘 먹이려 애쓰고 있을 텐데 왜 그런 말로 상처를 주는지 이해할 수 없었다.

많은 날을 누군가 생각 없이 내뱉는 말에 상처를 받았다. 억울해서 밤에 잠이 안 오기도 했다. 나에게 잘못이 있다면 아이를 어린이집에 보낸다고 거짓말을 하지 못한 거였다.

그런데 명절에 친척들 만나면 '공부는 잘하니? 대학은 어디 가니? 결혼은 해야지? 아이 소식은 없니?'처럼 한 귀로 듣고 한 귀로 흘리기로 했다. 너무 많이 들어서 이골이 난 셈이다. 그들도 뭔가 말을 건네고 싶은데 말주변이 없어 겨우 꺼낸 말이 저런 말이리라. 자기 인생을 살기 바쁜 사람들은 남에게 큰 관심을 쏟을 수가 없다. 오죽 자기 인생이 재미가 없으면 아기 키우는 엄마한테 관심을 가질까 싶어 불쌍하다는 생각이 들었다. 그리고 속으로 조용히 말했다.

'너나 잘 하세요.'

가정보육 24시

"도대체 집에서 아이랑 뭘 하고 놀아줘요?"

가정보육을 한다고 하면 도대체 집에서 아이와 뭘 하느냐고 묻는 사람들이 많았다. 질문 자체가 잘못되었다. 가정보육이 '가정(집)'에서 하는 게 아닐 수도 있다. 그렇게 '가정'의 의미를 한정한다면 내가 한 것은 가정보육이 아니다. 집 밖 보육 혹은 나들이 보육이 맞겠다.

내 아이는 생후 50일 즈음부터 통잠을 잤다. 보통 백일의 기적이라는데 우리는 50일의 기적이었다. 아이의 잠에 대해서는 대단한 육아법이나 비결은 없다. 엄마인 나와 아빠인 남편이 둘 다 베개에 머리를 대면 잠드는 편이라 아이가 그걸 닮은 것으로 생각한다. 잘 잔다는 것은 잠을 많이 자는 게 아니라 자다가 잠에서 깨지 않는다는 것을 말한다. 잘 자던 우리 집 아기는 자라면서 일찍 자고 일찍 일어나는 새 나라의 어린이가 되었다. 평균 오후 8시에는 잠이 들었고 보통 오전 6~7시에 일어났다. 어릴 때는 낮잠을 2번씩 잤는데 두 돌이 지나서는 낮잠을 하루 1번 한 시간씩 잤다. 일찍 육아 퇴근을 한다고 부러워할 게 아닌 건, 또래와 잠의 총량은 같았다는 것이다. 일찍 자면 그만큼 일찍 일어난다.

갑자기 잠 이야기를 한 이유는 가정보육을 하는 동안 아이의 잠이 매우 중요했기 때문이다. 밤잠은 엄마의 몸 상태에 중요했고 낮잠은 일정을 맞추는 데 중요한 사항이었다. 오전 6~7시에 일어나면 나도 그때 일어나서 아침 먹기 전까지 놀았다. 내가 못 일어나서 이불 속에서 누워 있는 때에는 아이도 같이 뒹굴뒹굴했다. 아이 혼자 일어나서 장난감을 가지고 놀 때도 있었고 드물게 내가 먼저 일어나는 경우엔 키 크라고 다리 마사지를 해줬다. (남편은 오전 6시 10분에 출근을 한다.)

간단한 아침을 준비하면서 간식이나 도시락을 싸고 살림을 했다. 아이도 아침을 먹이고 옷을 입히고 준비해서 차를 타면 8시 30분이었다. 차로 편도 1시간 거리를 가면 미술관, 박물관, 과학관, 체험하는 곳 등등 오픈 어택이 가능했다. 대부분이 2시간 단위로 예약을 하게 되어 있어서 둘러보고 나오면 점심 먹을 시간이다. 야외 놀이터나 숲 체험하는 곳들도 쉬엄쉬엄 놀면 2시간이면 충분했다.

코로나 때문에 점심은 차에서 해결할 때가 많았다. 미처 도시락을 싸지 못한 날엔 근처에서 김밥을 사기도 했고 커피는 테이크아웃 했다. 그리고 오후 일정으로 이동을 하면서 아이는 차에서 낮잠을 잤다. 일정은 오후도 오전과 비슷했다. 오전에 실내에 있었으면 오후엔 야외에서 놀았고 오전에 야외 활동을 하면 오후엔 실내로 갔다. 나와 아이 몸 상태에 맞춰서 자유롭게 움직였다. 날씨가 궂어 야외 활동이 힘든 경우에 실내로 다녔고 날이 좋은 봄가을엔 야외 활동을 더 많이 했다.

출퇴근 시간의 교통체증을 피하려고 오후 5~6시에는 집에 돌아왔다. 아이도 나도 씻어야 하고 저녁 준비도 해야 해서 늦어도 그때는 집에 오려고 노력했다. 저녁 먹기 전이나 저녁 먹은 후에는 낮에 놀면서 본 것들 관련하여 책을 읽어주었다. 책 읽다가 재우면 육아 퇴근이었다. 주말에도 비슷한 일정이었다.

코로나가 심해져서 집에 있어야 하는 때도 있었다. 집에만 있어도 큰 차이는 없다. 아침 먹이고 옷 입혀서 집 근처 놀이터에 갔다. 점심 먹고 집에서 누워 낮잠도 자고 일어나서는 욕조에서 물놀이했다. 집에 있으면 확실히 책을 많이 읽었다. 그림책을 하루에 20-30권씩 읽어줄 때가 있었는데 코로나가 심했을 때다. 나의 성향상 엄마표 놀이는 거의 하지 않았는데 아이는 내가 집안일 하는 것을 따라 하고 훼방도 놓으며 시간을 보냈다.

가정보육을 한다고 해서 꼭 놀아주어야 하는 것은 아니다. 놀아주지 않는 것이 방치는 아니다. 가만히 쉬고 싶어도 아이는 계속 나에게 왔다. 그럴 땐 그냥 내 할 일을 같이했다. 처음에는 도움도 안 되고 자꾸 방해하는 것 같은데 시간이 지날수록 아이가 도움이 된다. 빨래를 널고 있으면 양말 같이 널기 힘든 작은 것들을 아이가 널어 주었다. (우리 집에는 건조기가 없다.) 빨래 갤 때도 양말 짝 맞추기를 해주어서 좋았다. 물론 양말 짝 찾는다고 애써 개어놓은 수건을 다 뒤집어 놓기도 한다. 청소기를 돌릴 때나 바닥을 걸레로 닦을 때도 아이가 도와줄 수 있다. 생각 외로 잘 한다. 가정보육 40개월은 이런 하루하루가 모여서 만들어졌다.

엄마표가 뭐길래

요즘은 뭐든 '엄마표'의 세상이다. 엄마표 영어, 엄마표 미술놀이, 엄마표 요리, 엄마표 실험, 엄마표 한글, 엄마표 파닉스까지 아주 다양하다. 앞에 엄마표가 붙은 활동들이 왜 이렇게 많은지. 코로나로 집에 있는 시간이 많아지면서 각종 엄마표가 늘어난 것이겠지만 진짜 엄마표는 가정보육이 아닐까 싶다.

가정보육을 하면서 나는 기관에 다니는 아이들에 비해 엄마와 24시간 보내는 내 아이를 잘 키우고 싶다는 욕심이 있었다. 잘 키운다는 것은 각자의 기준이 다르기에 애초부터 도달할 수 없는 목표였다. 또 아이를 키우는 게 어느 시점에서 끝나는 것이 아니고 지금도 진행 중이기 때문에 '잘'을 판단할 수가 없다.

하지만 가정보육을 한다는 이유로 어린이집보다 못하다 생각되는 밥을 주고 싶지 않았다. 식판에 국과 삼첩반상은 아니더라도, 건강한 식재료로 만든 음식을 먹이고 싶었다. 엄마표 밥상이라면서 냉동식품을 먹이고 싶지는 않았다. 하루 세 번이나 밥을 먹기에 이것은 엄마에게 굉장한 과업이 된다. 게다가 규리는 나와 식성이 달랐다. 나는 한식을 좋아하는데 규리는 밀가루 음식(면, 빵 등)을 좋아하고 달콤한 것을 좋아했다. 아무리 내 욕심이라도 아이가 안 먹으려 하는 음식만 줄 수는 없었다.

기관보다 잘 해내고 싶었던 엄마표는 또 있다. 아이와 나들이를 가면 1:1로 돌봄이 가능해서 아이가 하려고 하는 것을 충분히 할 수 있도록 기다려줄 수 있었다. 나들이를 가서 마주했던 기관의 경우, 동물원에 동물 보러 와놓고 입구 근처에서 단체 사진을 찍는 데 공을 들였다. 키즈노트를 작성해야 하니 그러겠지. 야외 활동을 하러 나와서 커다란 벚꽃 나무 앞에서 단체 사진을 찍을 자세를 취하는 것이 전부였다. 가만히 생각해보면 꽃구경이 꽃 보고 사진 찍는 게 전부이긴 하다.

그 일련의 과정들을 지켜보면서 나와 함께일 때 아이가 좋아하는 동물을 더 자세히, 더 오래 볼 수 있으니 좋을 거로 생각했다. 벚꽃잎을 주워 모아 하늘로 던져보기도 하고, 벚꽃 잎으로 인형 그림의 머리를 꾸며 보기도 하면서 '엄마표'가 기관보다 나았다고 자신했다. 아이가 너무나 사랑하는 엄마와 함께니 정서적으로도 훨씬 좋다. 다만 너무 아이 중심으로 움직이니까 인성, 양보, 배려를 배우기에는 힘들었다. 내 아이는 형제

자매가 없이 외동아이라서 더 그런 부분이 중요하다고 생각했다.

'엄마표'라는 말 자체에 엄마의 책임을 묻는 느낌이 있다. 좋은 점만 생각할 때는 한 없이 좋지만 나쁜 점이 발견되면 그것은 모두 엄마 탓이 된다. 초보 엄마는 육아하는 것만으로도 벅찬데 '엄마표'를 한다고 육아 퇴근 후에 쉬지도 못하고 검색하고 공부하고 교구를 만든다. 아이의 반응은 좋을 때도 있고 나쁠 때도 있다. 바라던 반응이 나오지 않으면 '엄마가 어젯밤 잠도 못 자고 만든 거란 말이야.'라는 본전찾기 생각이 나면서 아이를 다그치게 된다. 여기서 잘못한 것은 엄마의 수고를 생각하지 않고 솔직하게 반응한 아이인가, 원하지도 않은 엄마표 교구를 들이밀며 물개 박수 환호를 바란 엄마인가.

여기서 엄마표가 놀이로 가면 그나마 괜찮다. 엄마표가 교육 분야로 가게 되면 결국 모든 것이 엄마 탓이 되는 불상사가 생기는 것이다. '그냥 남들처럼 학원 보낼걸, 잘하지도 못하는 엄마표를 하겠다고 의욕만 넘쳐서 아이와 사이만 틀어지고 나도 힘드네.' 같은 푸념이 나온다. 주변에서도 엄마표 교육은 엄마 탓을 한다.

"그러니까 학원 보내랬잖아. 네 전공도 아니면서 돈 몇 푼 아낀다고."

그런데 왜 '엄마표'라는 단어만 있나. '아빠표'도 있는데. 단어부터가 마음에 들지 않는 엄마표이다.

내일은 뭘 먹이나

가정보육을 하면 가장 고민이 되는 것은 밥이다. 내 밥 챙겨 먹는 것도 힘든데 아이 밥은 대충 줄 수가 없다. 돌아서면 밥 먹을 시간이었고 간식 시간이었다. 코로나 때문에 남편까지 재택근무로 집에서 밥을 먹게 되니 정말 밥만 하다가 하루가 다 가기도 했다. 이러려고 가정보육을 하는 게 아닌데. 아이든 남편이든 둘 중 아무나 하나만이라도 밖에서 밥 좀 먹고 오면 좋겠다는 생각이 간절했다.

나와 남편은 매운 걸 먹을 때도 있고 배달해서 먹을 때도 있어서 괜찮았다. 다이어트를 한다고 단백질 파우더나 샐러드를 먹기도 했다. 아이는 그럴 수 없었다. 한참 자라나는 아이에게는 탄수화물, 단백질, 지방을 포함한 영양분이 제대로 갖춰진 밥을 줘야 하지 않나. 처음에는 아침에 나는 대충 먹더라도 아이는 밥을 줬다. 서툴렀고 요리에 능숙하지 않아서 시간이 오래 걸렸다. 아이도 자고 일어나서 식욕이 왕성한 스타일은 아니었기에 애써 밥을 차려도 안 먹고 몇 숟가락 먹다 말고 했다.

식사에도 나름의 루틴이 필요하다. 아이 밥 주는 게 왜 이렇게 힘들까 생각해보면 끼니때마다 '뭘 해줘야 할까?'라는 고민이 힘들었던 거다. 고민 없이 짜인 루틴대로 끼니를 챙겨주면서부터 아이 밥에 대한 고민을 내려놓을 수 있었다. 루틴은 아이의 취향이나 부모의 취향에 따라 다를 것이다. 우리 집의 밥 3끼 식사 루틴을 공개해본다.

아침 식사는 누룽지와 멸치 볶음 또는 보리새우 볶음, 달걀 요리였다. 누룽지는 만들어서 판매하는 것을 사다가 물 넣고 끓이기만 하면 되었고 멸치 볶음과 보리새우 볶음은 미리 만들어 놓은 경우가 많았다. 달걀 요리는 달걀 볶음을 해줄 때도 있고 삶은 달걀을 줄 때도 있고 오믈렛처럼 줄 때도 있었다. 아침엔 아이가 좋아하는 메뉴가 들어가야 그나마 잘 먹는다. 우리 집에선 달걀이 효자 메뉴였다.

점심은 도시락을 쌀 때가 많았다. 보통은 유부초밥, 김밥, 주먹밥, 볶음밥 같은 메뉴였다. 미처 준비하지 못한 날에 밥을 사 먹을 때도 유부초밥이나 김밥은 구하기가 쉽다. 한솥 도시락이나 컵밥 같은 메뉴도 사 먹기에 편리했다. 코로나 때문에 차에서 점심을 먹는 경우가 많았는데 목적지 주변에 마트를 찾아 그 마트에서 밥을 사서 주차를 해놓고 먹었다. 집에서 점심을 먹을 때는 나와 같은 한식으로 먹었다.

간식도 루틴 화했다. 배 도라지즙, 사과즙, 포도즙, 과일 주스나 우유 같은 음료는 저렴할 때 인터넷으로 사서 떨어지지 않게 했다. 고구마말랭이, 맛 밤 같은 간식들도 개별 포장된 것을 사두고 아이와 외출할 때 하나씩 챙겨나가서 배고프다고 할 때 주면 되었다. 젤리나 과자, 빵 종류는 그때그때 사서 먹였다. 과일도 싸서 다니기도 했는데 상온에서 변할 우려가 있어 외출할 땐 귤이나 한라봉 위주였다. 집에 있을 때는 사과, 블루베리, 딸기, 키위, 포도 등의 과일들을 먹였다.

저녁 식사는 보통 한식이다. 밥과 국에 생선 또는 고기를 놓고, 있는 반찬을 줬다. 밥은 미리 해서 1인분씩 냉동을 해놓는다. 끼니때가 되면 냉동 밥을 꺼내어 전자레인지에 돌려서 주었다. 생선은 아이용으로 뼈를 발라서 포장된 것을 사다 놓고 구우면 되었고, 고기는 대량으로 사서 아이용으로 1인분씩 나누어 놓고 먹였다. 일주일에 한두 번 정도는 아이 반찬을 점검하고 만들어서 냉동해놓았다. 채소와 두부로 만든 동그랑땡이나 닭가슴살로 돈가스를 만들기도 했다. 엄마 아빠가 치킨 먹으려고 시켜놓으면 치킨마요 덮밥을 만들어주기도 했고 주말에는 파스타나 간장 비빔국수, 쌀국수도 먹였다.

내 아이가 좋아하는 메뉴는 부모가 안다. 부모의 식성을 닮기도 하지만, 자주 접해본 음식을 좋아하게 된다. 미리 루틴을 준비해서 밥을 대한다면 조금은 밥 스트레스에서 벗어나 기계적으로 움직이는 자신을 발견할 수 있을 것이다.

다양한 경험들

매일 같은 시간에 같은 일을 규칙적으로 하는 루틴은 삶을 안정적으로 꾸려갈 수 있고 마음에 평화를 가져다줄 수 있다. 계획하기를 좋아하고 잘 지키는 사람에게는 그런 생활방식이 어울린다.

나는 커다란 방향만 생각해 두고 그 안에서는 계속 계획을 수정하는 사람이다. (요즘 유행하는 MBTI의 극 P형 인간이다) 틀에 박힌 일상을 견디지 못하는 편이다. 새로운 무언가를 시도하고 변화를 꾀하면서 활력을 불어넣어야 한다. 바로 이 점 때문에 육아가 적성에 맞지 않는다는 생각을 했다. 사람들은 가정보육을 즐기는 나를 보면서 '육아가 체질'이냐고 했지만, 만약 가정보육이 아이와 매일 같은 루틴을 지켜야 하는 상황이었다면 우울증이 먼저 왔을 거다.

어른인 나도 틀에 박힌 일상을 지겨워하면서 아이에게 매일 똑같은 놀이터에서 놀라고 하는 것은 지양하고 싶었다. 세상엔 이런 놀이터도 있고 저런 놀이터도 있고 그런 놀이터도 있는데 다 놀아보고 좋은 것을 선택하는 안목을 키웠으면 했다. 고기도 먹어본 놈이 먹는다고 했던가. 이 놀이터, 저 놀이터 등 여기저기서 놀아본 아이가 새로운 놀이터에서도 놀 수 있을 거로 생각했다. 그래서 가정보육을 하면서 아이와 다양한 경험을 하려고 했다. 그게 나에게도 좋은 방향이었다.

아이가 3세 때는 바다 생물에 관심이 많았다. 아쿠아리움은 36개월 미만은 무료입장이 된다. 둘이서 아쿠아리움에 가면 성인 1인 입장료만 내고 들어갈 수 있었다. 아예 바닷가로 갯벌체험도 다녔다. 아이 아빠가 있는 주말엔 물때를 맞춰서 조개를 캐러 갔고, 평일에는 가까운 바닷가에서 꽃게나 소라게, 갈매기 구경을 다녔다. 그 외에는 수족관이나 물고기 먹이를 줄 수 있는 곳들을 찾아다녔다.

바다 생물만큼 관심을 가진 것이 곤충이다. 나비, 잠자리, 무당벌레, 사마귀, 개미 등등은 아파트 단지 내에서나 숲에서 흔히 볼 수 있었다. 장수풍뎅이와 사슴벌레, 타란툴라, 대벌레 같은 곤충들은 특별한 곳에 가야 볼 수 있다. 곤충테마파크, 곤충생태원, 곤충박물관 같은 곳들이다. 애벌레를 만지고 싶어라 해서 주기적으로 곤충을 보러 다녔다.

동물에도 관심을 가지던 때가 있었다. 동물원에도 갔고, 동물 먹이 주기 할 수 있는 곳들도 갔다. 동물은 야생에서 살아야 할 동물을 가두어 두고 보러 간다는 윤리적 문제 때문에 관심을 다른 곳으로 돌리려는 노력이 필요했다.

아이가 4세 때는 3세 때보다 더 많은 경험이 가능했다. 더울 때나 추울 때는 박물관, 과학관, 미술관 등 실내 위주로 다녔고 그림책 전시를 보러 가기도 했다. 감자, 옥수수, 배, 사과, 오디, 딸기 등 농작물 체험을 하고, 역할놀이 같은 직업체험도 할 수 있었다. 공룡도 새로운 관심사로 등장해서 공룡을 만나러 가기도 했다. 아이는 특히 공룡 발자국 발굴하기나 공룡 뼈 찾기 같은 체험도 좋아했다. 소리가 나는 것은 무서워하면서도 공룡 보러 가자고 하면 신발을 신었다. 옛날 임금님들이 계시는 능에 가서 뛰어다니며 노는 것은 금기를 깨는 것 같아 신이 났다. 넓게 펼쳐진 잔디밭엔 생물이 뭐라도 있게 마련이라서 관찰하는 재미가 있었다. 아이와 둘이서 계곡물에 발을 담그고 있으면 신선놀음이 따로 없다고 느꼈다.

5세에 처음 해본 것은 염전체험이 있다. 소금이 만들어지는 과정을 배우고 염전에 들어가 소파로 소금물을 밀어 소금을 만드는 거였는데 설명도 잘 듣고 대답도 하는 것이 신기했다. 청국장, 메주 만들기, 다식 만들기도 해봤다. 나도 해보지 않은 전통 체험을 아이 덕분에 처음 해봤다. 물레를 돌려 도자기를 빚는 체험도 있다. 결과물이 예쁘지 않아도 된다. 해본 것과 안 해본 것은 0과 1의 차이라고 생각한다.

"처음부터 잘 하는 사람은 없어. 처음은 누구나 어려운 거야. 엄마도 엄마가 처음이라서 어렵고 서툴러."

가끔 아이가 처음 해보는 것에 두려움을 느끼고 못 한다며 생떼를 쓴다. 그럴 땐 이렇게 말해준다. 처음이라 서투른 것이지 못하는 게 아니라고. 계속하다 보면 잘하게 될 거라고. 이런 새로운 것들에 도전하는 경험들이 아이의 무의식에 쌓여서 빠르게 변화하는 세상에 잘 적응할 수 있을 것이다.

양육수당, 아동수당, 경기도 건강 과일 꾸러미

아이를 기관에 보내지 않고 집에서 키운다고 하면 매달 양육수당이 나온다. 2018년에 아이를 낳고 돌까지는 20만 원, 두 돌까지는 15만 원, 세돌 까지는 10만 원이었다. 거기에 아동수당은 0세-만 7세까지 매달 10만 원이 들어온다. 나라에서는 이 양육수당과 아동수당을 제공하면서 매년 줄어드는 출산율을 늘려보려고 했던 것 같다. 돌까지 매달 30만 원이 통장에 찍히니 년 360만 원이고 두 돌까지는 매달 25만 원이라 년

300만 원, 세돌 까지는 매달 20만 원으로 년 240만 원이 지원되는 셈이다.

이것도 2022년생부터는 영아수당으로 바뀌어서 두 돌이 될 때까지 월 30만 원 지급되고, 24개월부터 86개월까지는 10만 원씩 지급된다. 기존에 있던 양육수당보다는 좀 더 지원을 받게 되는 것이긴 한데 어린이집이나 유치원에 아이를 보내게 되면 보육료로 전환이 된다. 가정보육을 하는 이유는 국가에서 지원해주는 양육수당 때문이 아니다. 그리고 아이를 키우는 데 드는 비용에 비해 지원되는 수당은 터무니없이 적다. 엄마 처지에서 보면 2018년생이나 2022년생이나 지원 내용이 조삼모사 같다.

밥도 앉아서 못 먹고 잠도 마음 편히 잘 수 없다. 24시간 돌아가는 기계 같은 삶이 가정보육인데 연봉으로 생각하면 헛웃음만 나온다. 돈만 생각했다면 아이를 기관에 보내고 회사에 다니는 것이 연봉이 더 높겠다. 아무 소용이 없겠지만 화가 났다.

'난 그 돈 없어도 아이 키울 수 있어.'

보이지 않는 싸움을 했다. 아이 이름으로 된 통장을 만들어서 40개월 동안의 양육수당과 아동수당은 건드리지 않고 모았다. 그뿐 아니라 100일, 돌잔치 때, 세뱃돈, 어린이날 등등 친척들이 주신 돈도 아이 통장에 차곡차곡 모았다. 아이를 유치원에 보내고 확인해보니 2000만 원 가까이 되는 돈이 모였다. 그건 앞으로도 손대지 않고 아이가 필요로 할 때 줄 생각이다.

지금처럼 아이 키우기 힘든 시대에 돈 조금 쥐여 주면서 아이 낳으라고 하면 누가 낳으려나. 아빠가 육아휴직을 마음 편히 쓸 수 있는 제도를 강화하는 게 더 낫지 않을까. 엄마는 아이를 낳고 돌보느라 몸조리도 편히 하지 못하고 지쳐있는데 육아휴직도 여성에게 더 관대하니 울며 겨자 먹기로 엄마가 또 육아휴직을 쓰고 아이를 돌보게 된다. 출산과 모유 수유는 여성의 고유 영역이라 그렇다 치지만 그 후에 아이를 돌보는 것은 힘이 있는 아빠들이 더 잘할 수 있는 것 같은데.

엄마도 처음부터 엄마가 아니다. 낳고 키우면서 아이와 정이 들고 모성이 생기고 하는 건데 아빠는 아이가 엄마를 찾는다며 육아를 나 몰라라 하는 면도 있다. 아빠도 엄마처럼 육아에 적극적으로 참여해야 나중에 퇴직하더라도 '나는 돈 버는 기계였구나.' 같은 허탈함이 안 들지 않을까.

경기도에서는 양육수당을 받는 어린이, 즉 기관에 다니지 않고 가정보육을 하는 가정에 일 년에 한두 번 건강 과일 꾸러미를 지급했다. 경기도에서 생산된 과일을 가정으로 보내주거나, 지역 화폐로 받아서 편의점에서 직접 구매를 할 수 있었다. 40개월 가정보육으로 아이 키우면서 건강 과일 꾸러미 2번 받았다. 과일은 대체로 신선하고 맛이 있었지만, 마트에서 사는 것보다 비싼 가격이어서 양이 얼마 되지는 않았다. 문제는 아이 개월 수에 못 먹는 과일도 있었고, 아이가 싫어하는 과일도 있어서 과일은 내가 거의 다 먹었다는 것. 결국, 양육수당이나 건강 과일 꾸러미나 어쩔 수 없이 만든 제도 같다.

가정보육이 대체 뭐가 좋은데?

가정보육이 힘들지 않다면 거짓말이다. 내 한 몸 건사하는 것도 힘든데 나만 보고 있는 어린아이까지 더해지면 생각만으로도 힘들다. 40개월 가정보육을 하면서 더는 못하겠다고 이제 그만하겠다고 한 적도 있었다. 그런데도 좋았던 점이 더 커서 가정보육을 지속할 수 있었다.

나에게 가장 좋았던 점은 넉넉한 시간이었다. 특히나 '등원 전쟁'으로 일컬어지는 아침 시간이 좋았다. 기관에 보내지 않으니 아침에 일찍 일어나지 않아도 되었다. 아침부터 아이에게 빨리하라고 닦달하지 않아도 되었다. 물론 내가 집에 붙어 있는 성격이 아니어서 보통은 도시락을 싸고 준비물을 챙겨서 가고 싶은 곳에 갔다. 주말이면 사람들로 북적였을 아이와 가기 좋은 곳들에 평일 오전 문 여는 시간에는 사람이 없었다. 그

평일 오전 시간이 주는 여유로움이 좋았다. 오전 7시의 놀이터와 오전 8시 30분의 숲에는 아무도 없어서 이런 코로나 시국에 안성맞춤이었다.

당일치기로 멀리까지 가거나 1박으로 여행을 가는 것도 좋았다. 문득 바다가 보고 싶을 땐 무작정 규리와 둘이서 바닷가에 가서 멍하니 파도를 보고 갈매기 밥도 주고 모래 놀이도 하다가 다시 집에 돌아왔다. 평일에 여자 혼자 바닷가에 있으면 사연 있는 것 같고 이상해 보이는데, 아이와 함께니 이 모든 것들이 괜찮았다. 평일에는 출퇴근 시간만 피하면 교통체증이 덜하고 호텔이나 펜션 같은 숙박업소의 가격도 주말에 비하면 저렴하다. 남들이 일할 때 나는 논다는 짜릿함도 좋았다. '논다'라고 하기엔 아이를 돌보고 있지만 피할 수 없으면 즐겨야 한다. 가정보육을 하는 분들은 이 평일 시간을 최대한 누릴 권리가 있다.

두 번째로 좋았던 점은 엄마와의 애착이다. 아이를 낳기만 한다고 엄마가 되는 것은 아니더라. 처음엔 내가 배 아파서 낳은 아이임에도 낯설고 두려웠다. 누워서 '애 앵' 우는 것 외에는 아무것도 할 수 없는 신생아를 마주했을 때, 이 아이의 생사가 나에게 달려있다는 것이 무섭기도 했고 잘못하면 어쩌지 겁도 났다. 평생 내 한 몸을 위해서만 살던 내가 과연 엄마 노릇을 잘 할 수 있을까 막연한 두려움도 들었다.

아이를 키우면서 나도 엄마가 되어간다. 키우면서 정도 들고, 나와 비슷한 점 혹은 남편과 비슷한 점을 목격하면 '우리가 닮았구나.', '내 핏줄이구나.', '정말 내 아이구나.' 같은 생각도 든다. 아이도 내 아이가 되어야 하고, 엄마도 아이의 엄마가 되어야 한다. 그러기 위해서는 아이와 엄마 사이에 일정량의 밀도 있는 시간이 필요하다. 그 시간 동안 같은 사건, 사고를 경험하면서 기억할 추억이 생긴다.

결혼도 비슷하다. 평생 남으로 살아온 타인이 만나 결혼한다고 부부가 되는 것이 아니다. 지겹도록 한솥밥도 먹고, 같은 지붕 아래 같이 잠도 자고, 피 터지게 싸우기도 하고, 같이 놀아야 친해지지 않던가. 내 배에서 나왔지만 완벽한 타인인 아이와 살 비비며 함께 하는 시간이 아이가 앞으로 살아가는데 큰 영양분이 되어 줄 것이라 믿는다. 특히 아이가 어린일수록 엄마와의 애착 형성이 중요하다. 가정보육만큼 애착에 도움이 되는 걸 보지 못했다.

가정보육의 장점 세 번째는 아이가 병원에 가지 않는다는 것이다. 아프지 않다는 말이다. 기관에 가면 유행하는 전염병으로부터 안전할 수가 없다. 밥도 같이 먹고 낮잠도 같이 자니 그럴 수밖에. 어릴 때는 모든 것을 입으로 가져가는 구강기도 있고 면역력이 약해서 더더욱 그렇다.

규리는 가정보육을 하는 동안에도 병원에 안 간 것은 아니었다. 규리의 개월 수와 체력을 생각하지 않고 '놀자' 한 탓에 몸에 무리가 되어 크게 아픈 적이 몇 번 있었다. 갯벌에 다녀오면 며칠 쉬어야 하는데 나가서 놀다가 감기에 걸렸다. 영하의 날씨에 눈사람, 이글루 만든다고 밖에서 놀다가 또 감기에 걸렸다. 엄마의 욕심 때문이었다. 주변의 가정보육 친구들은 아프지 않아서 병원도 안 가고 약도 안 먹었다. 욕심만 조금 내려

놓으면 가정보육을 하는 아이들은 유아 시기를 항생제 한번 먹지 않고 보낼 수 있다.

아이가 아프면 육아가 힘들어진다. 열이 나면 밤에 잠도 못 자고 열 체크 해서 해열제를 먹여야 하고, 병원에 가야 하고, 항생제도 먹어야 한다. 규리도 기관 생활을 시작하니 감기, 장염 등을 달고 산다. 안 아프면 좋겠지만 그렇다고 언제까지 가정보육을 할 수도 없으니 병원도 다니고 약을 먹이며 유치원에 보낸다. 나 때문이라는 죄책감만 잘 해결하면 되는 것이다.

가정보육을 하는 엄마들

두 돌이 지나고 말을 할 수 있게 된 아이는 또래를 찾았다. 놀이터에서 숲에서 놀다가도 자신처럼 작은 아이가 있으면 먼저 가서 말을 걸고 같이 놀려고 했다. 두 돌이 지나면 아이들이 대부분 어린이집에 다닌다. 그래서 어디서든 아이 또래를 찾는 것이 점점 힘들어졌다.

아이가 네 살이 되던 해 봄, 네이버의 '가정보육 맘' 카페에서 가정보육을 하는 동네 엄마들을 만났다. 같은 동네에 살고 같은 네 살 아이를 키우고 기관에 보내지 않는다는 공통점이 우리를 급속도로 가까워지게 했다. 나의 오랜 친구들을 만나려면 누군가 규리를 봐주어야 하고 집에서 멀리 나가서 만나야 하니 잘 만날 수 없었지만, 가보 맘들은 규리를 데리고 동네에서 만날 수 있었다. 또래 아이와 별다른 상호작용이 없어도 같이 거기에 있었다는 것만으로도 규리에게 친구가 생겼다. 동네 정보도 교환했고 다양한 육아 정보를 주고받았다. 서로의 집에도 오가면서 공동육아를 하는 날도 있었다.

공동육아가 주는 달콤함을 아시는지. 공동육아를 하면 대단한 것을 하지 않아도 시간이 잘 갔다. 같은 상황의 사람들이 있다는 것만으로도 외로운 가정보육 생활이 '나만 힘든 게 아니구나'라며 위로가 되기도 했다. 엄마들과 몇 마디만 어른의 대화를 나눠도 힐링이 되었다.

나를 위한 킬링타임으로 공동육아를 한 건 아니었다. 또래 아이와 공원에서 만나 함께 뛰어다니고, 비눗방울도 불었다. 놀이터에서 같이 시소를 태우기도 했고, 소꿉놀이나 모래 놀이도 같이했다. 형제자매가 없는 외동아이여서 이해하기 어려운 '함께'의 가치를 배울 수 있었다. 가정보육 하면서 혼자서는 화장실에 갈 때조차 아이를 데리고 다녀야 했는데, 공동육아를 하면서 엄마들에게 잠시만 아이를 봐달라 부탁하고 화장실에 다녀올 수 있었다. 그 잠깐 혼자 있게 되면 몸이 너무 가벼웠다. 내 몸이 비로소 내 것 같이 느껴졌다. 엄마에게 조금의 신체적, 정신적 자유도 허락되지 않는 가정보육에 활력이 생겼다. 나의 정신 건강에 가정보육 맘들과의 공동육아는 정말 좋았다.

가정보육을 한다고 하면 주변의 안 좋은 시선과 날 선 말들이 많다. 아이 끼고 살아봐야 소용없는데 너무 예민하게 굴지 말고 남들처럼 대충 키우라는 지인들이 많았다. 아이의 사회성은 생각하지 않냐는 분들도 많았다. 가정보육 맘들끼리는 그런 게 없었다. 아이가 네 살이라는 것은 엄마 혹은 부모의 육아 가치관에 따라, 기관에 보내지 않기로 선택한 걸 의미했다. 그렇게 육아 관에 따라서 선택한 가정보육이니 서로에게 상처가 될 말을 하지 않았다. 육아 동지라는 남편보다도 더 든든한 동료들을 얻은 것 같았다.

가정보육 맘들은 어떤 상황에서도 아이를 먼저 배려하고 생각하는 분들이었다. 아이의 어린 시절이 그렇게 길지 않음을 알고 엄마가 옆에 있어야 한다고 여기는 분들이었다. 우리는 어떻게 하면 아이와 더 좋은 시간을 보낼까 함께 고민했고 이 길고 긴 가정보육에서 낙오자가 생기지 않도록 서로 마음을 붙잡아 주었다. 가족도 이해하지 못하는 나의 육아 가치관을 공유할 수 있는 감사한 인연이었다.

해가 바뀌고 아이들이 다섯 살이 되면서 유치원에 다닐 나이가 되었다. 유치원에 보낼지 말지 머리가 터지도록 고민할 때도 같이 고민했다. 규리는 이미 두 돌이 지나서부터 또래를 찾았기 때문에 기관에 보내되 최소한의 시간을 보내는 것으로 했다. 엄마인 내가 아이와 시간을 더 보내고 싶어서였다. 규리가 유치원에 다니니 나의 시간과 공간이 묶였다. 내 개인적인 시간은 늘었지만, 전처럼 규리와 하루를 온전히 놀 수는 없었다. 가정보육 맘들을 만나기도 힘겨워졌다.

공동육아도 좋고 가정보육 맘들과 만남도 좋다. 그렇지만 내 아이의 육아는 결국 나의 몫이다. 아이가 커갈수록 부모의 육아 가치관이 중요해진다. 남들 따라 부화뇌동하지 말고 내 아이를 보고 아이에게 맞는 '맞춤 육아'를 해야겠다. 기관에 보낼 것인지 홈스쿨링을 할 것인지, 언제까지 아이를 놀게 할 것인지, 교육한다면 무엇을, 어떤 방식으로 할 것인지 진지한 고민이 필요한 것이다.

어떻게 좋기만 하겠어

가정보육을 한다고 해서 좋기만 한 건 아니었다. 다 지나가고 돌이켜 보니 대부분이 좋은 기억이지, 32개월부터 35개월까지는 너무 힘들어 매일 아이에게 소리를 질렀다. 세 돌 전의 아이는 자기주장이 생기는데 의사소통의 수준은 자기 생각을 표현하기엔 좀 부족했다. 그래서 칭얼거리고 짜증 내고 우는 것으로 표현했다.

그때의 나는 가정보육 한다면서 이렇게 아이에게 소리 지르고 하느니 차라리 기관에 가는 게 낫겠다고 생각했다. 다 큰 성인이 나보다 작은 어린아이에게 어른의 우월한 힘과 지위로 윽박질러 내 뜻을 관철해 놓고 밤에 아이가 잠들고 나면 잠든 얼굴을 보면서 반성했다.

'엄마가 미안해, 내일은 안 그럴게.'

유튜브에서 육아 멘토들의 영상을 가장 많이 본 시기도 이때였고 육아서를 가장 많이 읽은 시기도 이때였다. 그런데 시간이 답이었다. 세 돌이 지나니 아이가 훌쩍 자라서 의사소통이 자유자재로 되면서 조금씩 나아지더라.

가정보육의 단점은 첫 번째도 두 번째도 엄마가 힘들다는 것이다. 엄마도 엄마이기 이전에 사람이다. 임신 때부터 아이와 한 몸이어서 먹는 것도 몸가짐도 행동도 조심한다. 출산 후 몸조리를 할 때도 아이를 돌봐야 한다. 아니 출산 직후는 산후 조리원도 있고 도우미 이모님도 계셔서 나을 수 있다. 그럭저럭 몸조리를 다 하고 나서부터가 진짜 시작이었다. 아이는 낳는 게 끝이 아니다. 키우면서 정이 들고 모성도 더 깊어진다. 그래서 매 순간 나보다 아이를 먼저 생각하게 된다. 엄마는 김과 김치만 먹으면서도 아이 밥이라면 고기를 굽고 생선을 굽는다. 그마저도 아이 밥을 먹이면서 먹으니 내 밥은 먹는 게 아니라 입에 욱여넣는다는 표현이 맞다. 맛으로 먹는 게 아니라 정말 생을 유지하기 위해 먹는 거랄까. 화장실 갈 때도 아이가 보이도록 문을 열어 두어야 했다. 한마디로 자유가 없는 삶이다. 여기서 자유는 거창한 자유가 아니다. 내가 배고플 때 식사할 자유, 화장실처럼 개인의 사적인 공간을 침해당하지 않을 자유. 커피 마시는 것도 내 속도로 맛을 느끼며 마실 자유. 이런 생활의 사소한 자유를 의미한다.

신체적인 자유 외에도 정신적인 자유도 가정보육을 하는 엄마에게는 허락되지 않는다. 어린아이들은 자주 노출되면 그 영향을 받는다. 가정보육은 엄마와 오랜 시간 보내기 때문에 말 한마디, 행동 하나도 조심해야 한다. 마음이 안 좋아도 웃어야 하고, 욕이 나올 것 같은 상황에서도 긍정적 언어를 사용해야 한다. 나쁜 것들은 왜 이렇게 또 빨리 배우는지. 감정 노동자가 따로 없다. 감정 노동자들은 월급이라도 받지. 가정보육이 엄마에게는 '쇠창살이 보이지 않는 감옥' 같다고 느낀 것도 이때였다.

가정보육을 하면 엄마가 많은 것을 포기하고 아이에게 모든 것을 맞춘다. 좋게 말하면 '희생'일 수 있으나 엄마의 시야가 좁아져 엄마 눈에는 아이 밖에 안 보이게 된다. 출산율이 2021년 기준 0.81명으로 한 명도 안 될 만큼 낮고, 난임도 많아지고 있다. 아이가 귀한 시대다.

그런데 아무리 아이가 귀하다고 해서 아이만 위해서야 되겠는가. 그 어떤 해로운 것도 아이에게 닿지 않게 하려는 엄마들을 볼 때 '온실 속의 화초' 생각을 했다. 엄마가 세상의 방패막이가 되려는 것 같았달까. 온실을 벗어난 화초는 야생에서 잘 버틸 수 있을지. 엄마가 언제까지 옆에 있어 줄 수만은 없는데 말이다.

아이를 키우다 보면 국가에서 알림이 온다. 영유아 검진 통보다. 일정 기간마다 여러 방면에서 아이가 잘 자라고 있는지 또래 아이와 비교하여 체크 하는 것이다. 키와 몸무게 같은 신체적인 것도 있고 인지, 언어, 사회성 같은 발달사항도 있다. 가정보육을 하면 여기서 특히 자조 능력이 떨어지는 것 같다. '자조'란 아이가 스스로 자신의 발전을 위해 애쓰는 것을 말한다. 6차 영유아 검진 (42개월~47개월) 자조 항목으로는 스스로 옷 입기, 젓가락 사용하여 밥 먹기 같은 것들이 있다. 기관에 가게 되면 누가 챙겨주지 않으니 스스로 하는 습관이 들겠지만, 가정에서는 부모 혹은 조부모가 아이가 충분히 할 수 있는데도 옷을 입혀주고 밥을 떠서 먹여준다.

부모는 아이가 나이 50이 넘어도 차 조심하라고 한다질 않나. 아무리 커도 부모 눈에는 아기 같고, 아이가 귀하니까 힘들지만, 부모가 해주는 거다. 아이가 잘 하는지 몰라서 해주기도 하고 부모가 성격이 급하면 아이가 스스로 할 때까지 기다리지 못하고 대신해준다. 어떤 이유든지 자조 능력을 키우는 데 방해가 된다.

육아의 목적은 결국 자립이다. 내가 없더라도 아이가 혼자서 세상을 살아갈 수 있게 방법을 알려주는 것, 그게 육아를 하는 이유가 아닐까.

다시 가정보육을 한다면?

엄마 곁에서 40개월을 보내고 규리는 첫 기관 생활을 시작했다. 가정보육을 40개월에서 멈추게 된 것은 규리가 또래 친구들을 원했기 때문이다. 두 돌이 지나서부터 친구들을 찾던 아이를 내 욕심 때문에 데리고 있었다. 일반적으로 육아서에서 전문가들이 아이와 함께 보내라고 추천하는 36개월도 지났고, 친구들을 만나도 의사소통이 되어 기관에 보내기로 마음먹었다.

그 대신 기관에서 보내는 시간은 최소화했다. 아직은 내가 규리와 더 시간을 보내고 싶어서이다. 국공립 유치원에 다니는 규리는 4시간 30분 만에 다시 내 품으로 돌아왔다. 그때부터는 가정보육을 하던 대로 이어가면 되었다. 집에서 멀지 않은 곳으로 나들이도 가고, 숲도 가고, 놀이터도 가고, 도서관도 가는 일상들 말이다.

국공립 유치원의 경우 여름방학 한 달, 겨울방학 두 달로 1년에 석 달은 가정보육을 할 수 있다는 것도 큰 장점이다. 가정보육 하는 동안에 아이와 많은 경험을 했다고 생각했는데 못 해본 것도 많았고 아쉬운 점도 많았다. 특정 지역의 한 달 살기도 못했고, 규리의 개월 수나 키 제한이 있어서 하지 못한 체험도 많다. 내가 방학을 손꼽아 기다리는 이유다.

5세(만 3세)가 되어보니 왜 가정보육의 꽃이 5세인지 알겠다. 왜 그 많은 육아서에서 36개월까지는 엄마와 애착을 중시하라는지도 알겠다. 세 돌이 지나니 모국어는 거의 자유자재로 사용하고, 대부분은 기저귀를 떼고 대소변을 가린다. 낮잠도 아이에 따라 다르지만, 낮잠을 안 자도 체력이 버텨준다. 이제까지는 아이와 외출할 때 엄마가 아이를 보살폈다면, 아이가 엄마를 챙기기도 한다. 짐도 확 줄어서 외출이 훨씬 편하다. 5세는 4세 때와 다르게 아이가 보고 느끼는 것의 폭이 넓어진다. 친구와의 소통도 늘어나고 사회의 규칙도 배워간다.

"엄마 우리 여기 왔던 곳인데 왜 또 왔어? 저번에 왔잖아."

기억력도 좋아져서 전에 왔던 곳을 기억한다. 36개월 이후에 간 곳은 더 상세히, 더 오래 기억한다. 그곳에서 본인이 느꼈던 감정을 표현하는 방법도 안다. 그런데 기관에 가게 되니 엄마와 보내는 시간이 현저히 줄어들었다. 아이가 태어나고는 언제나 시간이 금 같았지만, 5세 이후 아이와의 시간은 더더욱 찰나가 되어버렸다.

다시 가정보육을 하게 된다면 비슷한 방식으로 육아를 하게 되지 않을까. 아니다. 숲에 더 많이 가고 놀이터도 더 자주 가리라. 책도 읽어달라는 만큼 읽어줘야지. 아니다. 다른 건 다 되었고 그 어린 시절의 아가와 눈 한 번 더 맞추고 같이 '깔깔깔' 웃어야지. 크느라고 아픈 다리 한 번 더 주물러 주고, 너를 사랑한다고 속삭여야지. 조금이라도 가벼울 때, 더 많이 안아주고 한 번 더 업어줘야지. 아이와 복닥복닥 보낸 시간이 내 인생 가장 빛나는 시간임을 빨리 깨닫고 그 시간을 마음껏 즐겨야지. 아니 나중에 돌아보면 오늘의 규리도 충분히 어릴 텐데, 대체 왜 지금은 못하는 걸까.

다시 시작된 가정보육

원고를 쓰는 도중에 규리의 방학을 맞이했다. 방학이지만 문화센터나 학원, 학습지를 하지 않으니 또 24시간 나와 함께 지내는 거였다. 그러니 방학이 가정보육이었다. 길고 긴 가정보육에 5개월 동안 오전에 잠시 유치원에 다녀온 느낌이랄까.

다시 가정보육을 하게 되면 더 많이 웃고, 스킨십도 하고, 사랑한다고 말하면서 규리랑 웃고 행복하게 보내야겠다고 글을 한 꼭지 써두었는데, 막상 24시간 같이 있게 되니 하루가 길었다. 유치원에 가면 점심 한 끼는 오롯이 내 마음대로 즐기면서 먹었는데 방학이 시작되니 다시 삼시 세끼 규리 밥 챙기느라 내 밥은 코로 먹는 생활이었다. 나는 잘 먹고 잘 자고 운동도 하고 해야 스트레스가 없는 사람인데 잘 먹고 잘 자는, 인간의 본능적인 욕구가 채워지지 않는 삶의 시작이었다. 앞에 쓴 글이 부끄럽게도 소리 지르고 화내는 엄마가 되었다.

유치원에 다니는 한 학기 동안에 내가 규리와 하고 싶었던 것들이 쌓였다. 간단하게는 쇼핑몰에 가서 규리 취향대로 신발을 고르고, 발에 맞는 치수의 신발을 신겨보고 사는 것부터, 규리와 놀이터에 가서 땀 흘리며 노는 것, 갯벌체험을 가서 조개와 바비큐를 구워 먹는 것까지. 방학은 30일이었는데 내가 작성한 규리와 하고 싶은 것의 리스트는 60개가 넘었다. 방학 때는 할머니 댁에 가야 한다는 생각도 있어서 양가 부모님도 찾아뵙고 싶었다. 또래 관계도 중하니 유치원 친구도 만나서 놀게 하고 싶었고 규리가 좋아하는 가정보육 친구들도 만나고 싶었다.

하고 싶은 일이 많으니 방학 첫날부터 부지런히 움직였다. 더운 여름이니 계곡에 가야지 했는데 3년 만에 물놀이터 운영을 해서 아침 일찍 물놀이하러 갔다. 방학 첫 주에는 체력이 따라주지 않아서 2시간만 놀아도 낮잠을 자야 했던 규리가 물놀이터 20곳 정도 갔을 땐 3시간을 놀아도 잠을 안 자고 버틸 정도로 체력이 늘었다. 규리는 밥도 잘 먹었고 잠도 잘 잤고 햇볕에 까맣게 탔다. 체력이 늘고 면역력이 높아졌는지 유행하는 전염병이나 흔한 감기 한번 없이 여름방학을 보냈다. 문제는 너무 물놀이에만 치중한 나머지 박물관이나 체험하려고 적어놓은 것들은 거의 하지 못했다는 것이다. 유치원 친구 중에 한글을 뗀 아이가 있어 그 모습을 보면서 본인도 한글을 읽고 쓰고 싶다고 했는데, 그쪽 분야로는 전혀 진척이 없었다. 잠들기 전에 매일 그림책 5-10권 읽어주는 것뿐이었다. 입버릇처럼 육아의 균형을 맞추고 싶다고 말하면서 한쪽에 치우친 모습이었다.

규리는 방학 한 달 동안에 부쩍 자랐다. 유난히 힘든 날에 카페에 가서 나는 커피를 마시고, 규리에게는 빵과 우유를 사줬다. 비를 피해야 하는 날엔 전시도 함께 보러 다녔고 쇼핑몰에 가서 아이 쇼핑도 했다. 그런데 규리가 '재미없다'라고 했다. 자신을 위한 프로그램이 아니라서 그렇게 느꼈던 것 같다. 유치원에서는 내 아이 하나만을 위한 것은 아니어도 모든 프로그램이 아이들 위주로 돌아가니 눈높이가 맞았나 보다. 이제는 출제자의 의도를 파악할 정도로 자랐달까. 24시간 아이 위주의 프로그램을 계획하는 것은 할 수 없다. 가정보육의 한계치에 다다랐다. 이래서 엄마들이 태권도, 발레, 미술 같은 학원에 친구랑 어울리라고 보내나 보다 싶었다. 물론 일을 하는 엄마들은 시간이 없어서 학원 **뺑뺑**이를 돌리기도 하겠지만 말이다.

규리의 인생 첫 방학을 보내면서 규리도 나도 한 뼘 성장한 느낌이다. 엄마가 바뀌어야 아이를 양육하는 관점이 달라지고 육아의 지향점도 달라진다. 이번 여름방학을 기준 삼아서 다가올 겨울방학은 더 잘 보내야지 다짐해 본다. 맨날 다짐만 하고 제대로 하지 못하는 것이 문제지만.

가정보육을 위한 몇 가지 팁

우선 가정보육을 '선택'할 수 있음에 감사하는 마음이 필요하다. 아이 낳기 전에 이미 회사를 그만둔 나는 이제는 다니고 싶어도 돌아갈 회사가 없다. 마찬가지로 워킹맘들은 가정보육을 하고 싶어도 회사 때문에 하지 못한다. 코로나 확진자가 일 30만 명을 넘어서도, 수족구병이 유행이어도 불안하지만 어쩔 수 없이 아이를 기관에 보내고 회사로 향하기도 한다. 그러니 가정보육이 당신의 선택지에 있다면 그 자체로 감사할 줄도 알아야 한다.

숱한 고민 끝에 가정보육을 하기로 한 분들에게 가정보육을 위한 몇 가지 팁을 준비했다. 끝이 안 보이는 육아라는 터널 앞에서 몇 발자국 먼저 걸어본 사람으로 가정보육을 더 쉽게 하기 위한 팁을 준다고 생각하면 좋겠다.

첫째, 주 양육자가 중요하다. 가정보육은 아이와 24시간 함께 하게 되는데 주 양육자가 아프기라도 하면 아이를 돌볼 수 없게 된다. 주 양육자가 아프지 않도록 체력 관리, 에너지 관리에 충실해야 한다. 할 수 있는 모든 것을 하길 바란다. 무조건 끼니를 잘 챙겨 먹고 다이어트는 꿈도 꾸지 않았다. 내가 처한 상황에서 잘 자는 방법을 연구했다. 비타민도 챙겨 먹고 기력이 달릴 땐 홍삼도 한 포씩 챙겨 먹었다. 홈트레이닝도 시간을 내어 꾸준히 했다. 이게 기본이다.

가끔 가정보육을 하면서 살림을 어떻게 하냐는 질문을 받았다. 몸이 하나이기 때문에 가정보육도 잘하고 살림도 잘할 수는 없는 거다. 가정보육을 선택하고는 살림을 내려놓았다. 정말 꼭 필요한 것만 했다. 먹고는 살아야 하니 밥을 하고, 옷을 입어야 하니 빨래를 했다. 아이 낳기 전을 가장 열심히 하였던 청소와 인테리어는 가정보육을 하면서 살림 중에 가장 신경 안 쓰는 분야가 되었다. 모든 아이는 깨끗하게 치워 놓은 집을 5분 내로 엉망진창으로 만드는 능력이 있다. 내려놓아야 한다. 포기할 건 포기해야 한다.

그 외에 운전할 줄 안다면 좋겠다. 내가 밖에 나가는 걸 좋아해서 매일 나가다시피 했는데, 날씨가 안 좋을 때는 운전을 할 줄 알면 더 편해진다. 대중교통으로 다닐 수도 있지만, 너무 덥거나 너무 춥거나 비가 오거나 하면 대중교통 이용이 힘들어지니까. 내가 사는 지역은 지하철이 다니지 않아서 더더욱 차가 있어야 움직일 수 있는 곳이다.

정신적인 스트레스 문제는 육아서를 읽었다. '나만 힘든 것이 아니구나. 육아는 원래 힘든 거구나. 그 어려운 일을 내가 하고 있구나.'라는 깨달음만 얻으면 된다. 육아서에서 이야기하는 육아 방법들은 애 바이 애로 내 아이에게는 맞지 않는 게 많다. 책이 싫으면 육아 만렙 전문가들의 영상을 보거나, 오디오 클립을 듣기도 했다. 블로그와 인스타그램으로 글을 쓰기도 했고 다른 엄마들과 소통도 했다. 만약 SNS를 사용하면서 자괴감이 드는 스타일이라면 SNS는 안 하는 게 좋다.

둘째, 남편 혹은 조력자의 유무가 중요하다. 주 양육자가 아파서 병원을 가야 할 때, 조력자가 없으면 아이까지 데리고 병원에 가야 한다. 대기도 대기이지만 막상 진료를 받으러 가면 아이 혼자 있게 되는 일이 많다. 간호사분들이 진료받는 동안 2, 3분 아이를 돌보아 주시기도 했지만, 우리 모두 안다. 그것은 명백한 민폐다. 알면서도 몸이 아파서 진료받을 그 잠깐 아이를 봐줄 조력자가 없다는 것에 서러움이 밀려온다. 조력자가 있어야 정신적으로도 피폐해지지 않는 것이다. 몸이 아플 때 말고도 조력자가 있으면 주 양육자가 심리적으로 안정될 수 있다. 심신이 편안해야 가정보육도 잘 할 수 있다.

셋째, 마음이 잘 맞는 가정보육 친구가 있으면 좋다. 가정보육의 단점인 '또래 관계'도 해결이 가능하고 엄마끼리 성인의 대화를 하며 스트레스를 풀 수도 있다. 가정보육의 정보와 팁도 주고받을 수 있으니 주기적으로 만날 수 있는 친구가 있으면 아이와 엄마 모두에게 좋다. 특히나 두 번째 팁인 남편이나 조력자가 없을 경우는 이 가정보육 친구가 큰 도움이 된다. 네이버의 '가정보육 맘' 카페에서 지척에 사는 가정보육 친구들을 만날 수 있었다.

넷째, 너무 힘이 들 때는 머니 찬스가 필요하다. 가정보육을 오래 하다 보면 지쳐서 아무것도 하기 싫을 때가 온다. 일명 번 아웃이다. 그럴 땐 반찬도 사다가 먹이고 배달 음식을 시키기도 했다. 청소가 여의치 않으면 청소하시는 분을 일주일에 한 번씩 쓰는 것도 나쁘지 않다. 일단 사람이 살아야 하니까. 분리 수업이 가능한 개월 수의 아이들은 분리 수업을 들으면 된다. 분리 수업은 대표적으로 학원이 있고, 문화센터, 북카페, 영어키즈카페 등에서 분리 수업을 진행한다. 돈을 좀 쓰면 된다. 그러면 윤택한 가정보육이 가능해진다.

돈을 쓰면서도 가정보육을 이어가는 것이 의미가 있냐고 묻는다면 내 대답은 'YES'이다. 가정보육을 떠나서, 육아하는데도 돈은 든다. 돈을 아끼려고 가정보육을 하는 것이 아닌, 육아 가치관 때문에 가정보육을 하는 것이니 의미가 있다.

팁도 중요하지만 그래도 기본적으로 내 아이다. 왜 가정보육을 해야 하는지, 왜 굳이 이 어려운 길을 가려고 했는지, 초심을 잊지 않는 게 가장 중요하다. 주로 양육을 책임지는 주 양육자의 신념과 육아관, 가치관 등을 되새겨 보는 것도 큰 도움이 될 것이다.

PART 2.
가정보육이 아니어도 겪었을 일들

너도나도 가정보육 중

내가 이해한 가정보육은 아이가 기관에 다니지 않고 24시간 부모와 붙어 있는 것이다. 그런데 코로나 바이러스가 퍼지면서 '가정보육'의 의미가 바뀌었다. 너도나도 가정보육을 한다고 하는데 알고 보면 기관에 소속되어 있고 코로나 때문에 임시로 일주일에서 한 달 정도 기관에 보내지 않는 거였다. 부모가 맞벌이일 경우 길어지는 가정보육엔 할머니, 할아버지가 동원되었다. 처음에는 '그게 무슨 가정보육이야?'라는 생각이 들었다. 상황이 여의치 않을 때는 기관에 보내고 조부모가 자식의 집에서 손주를 돌보는 것은 귀에 걸면 귀걸이, 코에 걸면 코걸이였다. 코로나가 장기화하면서 내 생각이 잘못되었다는 것을 알았다. 가정보육을 그렇게 좁게 생각할 것이 아니었다.

가정보육을 하면서 나는 '아이에겐 내가 최선이야.'라는 강박에 빠져 있었다. 물론 아이에게 엄마는 절대적인 존재이므로 대체 불가하다. 그래서 엄마가 아닌 사람이 아이를 돌보는 것은 차선이라고 생각했다. 조부모님이나 이모님이 가정보육을 하면 그건 대신 보육을 해주는 것이지 가정보육이 아니라 생각했던 거다. 생각이 이렇게 좁았다. 코로나 때문에 맞벌이하던 워킹맘들이 격리되기도 하고, 재택근무를 하기도 했다. 그들의 고충을 전화로 듣고, 카톡 메시지로 전달받으면서 나의 세계관이 조금씩 넓어졌다.

엄마는 엄마다. 자신이 처한 상황에서 아이에게 가장 좋은 것을 꺼내주는 사람. 나의 상황이 그들의 상황과 같을 수 없고, 내 기준의 최선이 그들에게 최악일 수도 있다. 모두 나 같을 수 없고 나도 그들 같을 수 없다. 너무 내 시야에서 그들을 바라보며 내 잣대로 함부로 그들을 판단한 것은 아닌지. 부끄러워졌다.

독박육아도 마찬가지다. 독박육아의 경계가 불분명했다. 어떤 사람은 남편 혹은 다른 조력자가 오기 전까지 아이와 둘이 있는 시간을 독박육아라 했고, 누군가는 기러기 아빠를 둔 탓에 엄마가 독박육아로 아이들을 돌볼 수도 있다. 친정이나 시댁에서 지내며 독박육아 한다고 말하는 사람도 있었다. 지금은 모두가 다 독박육아라고 생각한다. 육아는 부모가 같이해야 하는데 어느 한쪽만 육아를 전담하게 될 경우, 다른 한쪽에게 '나 이렇게 힘들어.'라고 이야기하는 단어가 '독박육아'가 아닐까.

'그게 무슨 가정보육이야.'의 저 밑바닥엔 힘든 육아를 도와주는 조력자가 있다는 것에 부러움이 깔려있었다. '그게 무슨 독박이야.'라는 말은 힘들면 힘들다고 말할 수 있어서 질투가 났던 거다. 친정과 시댁이 멀어 육아에 도움을 줄 수 없고, 그래서 힘들어도 힘들다고 말도 못 하고, 내 몸이 아파도 내가 아니면 아이를 볼 사람이 없기에 혼자 끙끙대던 나였다. 아무리 말해봐도 내 상황이 나아지지 않으니 '아이에겐 엄마가 최선이야, 난 최선을 다하고 있는 거야.'라며 나에게 최면을 걸었다. 그렇게 버텼던 거다. 그리고 나보다 육아 상황이 나은 사람들을 '그게 무슨'이라는 말로 무시했다. 그런다고 나아지는 건 전혀 없었는데도 말이다.

가정보육이든 독박육아든 단어의 의미가 중요한 게 아니다. 오늘 내 옆에 있는 아이를 웃게 하고 나도 같이 웃어줬으면 그걸로 된 거다. 오늘 하루 잘 지낸 거고 발 뻗고 자도 된다.

엄마도 사람이니까

누가 등 떠민 것도 아니고 내가 하겠다고 선언한 가정보육이었다. 말이 좋아 가정보육이지 나는 40개월 동안 24시간 꺼지지 못하는 기계 같았다. 아이가 밤잠에 들면 아이와 노느라 낮 동안 하지 못한 살림을 했었는데 그렇게 살다 보니 '내가 이러려고 아이를 낳았나?' 같은 우울한 마음이 앞섰다. 나에게 아이와 남편만 있고 내가 없었다. 육아하다 우울증이 온다는 말을 체감했다. 이렇게 살고 싶지 않았다.

그때부터였다. 아이가 잠을 자면 집안일을 제쳐두고 하고 싶었던 일을 했다. 몇 시간 되지는 않지만 꿀 같은 시간이었다. 내일 아침부터 다시 육아할 에너지가 생겼다. 육아하면서도 이것만큼은 해야겠다는 것이 몇 가지 있었다. 안 하면 안 되는 것. 하루를 버티게 하는 힘. 내가 나일 수 있는 것.

1. 술

나는 애주가이다. 하루 열심히 땀 흘려 일하고 집 근처 스몰 비어에서 마른안주에 생맥주를 벌컥벌컥 들이키는 것을 사랑했다. 임신 기간과 모유 수유를 하는 동안 술을 끊는 것이 제일 어려웠다면 말 다 했다. 아이를 낳고서는 술집에 간다는 것 자체가 불가능해졌다. 어린 아기를 술집에 데려간다는 게 안될 말이었다. 집에서 마시는 술에 빠져든 건 모유 수유가 끝나던 그 시점이었다.

해본 사람은 안다. 육아 퇴근을 하고 마시는 맥주 한잔이 얼마나 맛있는지. 다음 날 새벽같이 일어날 아이가 걱정되더라도 오늘치의 고단함을 말끔히 씻어줄 수 있는 것이 필요했다. 내 일정에 맞춰서 언제든 만날 수 있다는 것도 좋았다. 친구들을 만날 땐 시간부터 맞춰야 하고 장소도 정해야 하고 번잡스러워서 결국 만나지 못하는 경우가 많았는데, 술은 미리 사다가 김치냉장고에 채워 넣으면 그걸로 끝이었다. 온종일 아이 본다고 꾸미지도 못하고 후줄근한 티셔츠에 잠옷 바지만 입어도 괜찮았다. 내가 좀 위생적이지 못해도, 세상 편한 복장으로, 가장 마음 편안한 곳에서 주(酒)님을 만날 수 있었다.

2. 커피

커피는 조금 달랐다. 술처럼 취하는 것이 아니니 낮에 육아하면서도 공식적으로 즐길 수 있는 환각제 같았다. 커피 한 모금 들이키면서 다시 힘을 낼 수 있었다. 내가 없고 모든 것이 아이에게 맞춰지는 육아 생활에서 내가 내 의지로 선택할 수 있는, 다양한 변주가 커피였다. 집에서 핸드드립으로 커피를 내려 마시기도 했지만, 그만큼의 여유도 쉽지 않을 때가 많았다. 사서 가져가더라도 '남이 타준 커피'를 먹기 위해 집 밖으로 나갔다.

규리가 조금 자라서는 규리도 함께 카페에 갔다. 코로나 때문에 야외가 있는 곳이어야 하고, 아이가 먹을 빵을 함께 판매하는 베이커리 카페여야 했고, 노키즈존이 아닌 카페여야 했다. 그걸 다 맞추다 보니 커피 맛은 맘에 들지 않을 때가 많았다. 그래도 그것도 어딘가. 커피가 없었다면 가정보육을 이렇게 오래 하지도 못했을 거다.

3. 블로그

블로그에 글을 쓰기 시작한 것은 10년이 넘었다. 광고하고 살림에 보탬이 되기 위해서는 아니다. 나의 이야기를 풀어놓을 수 있는 공간이 필요했다. 블로그는 나에게 대나무숲이었고 마음을 안정시켜주는 곳이었다. 육아의 '이응'도 듣기 싫은 날에는 전혀 다른 세상의 이야기가 알고 싶었다. 요즘은 뭐가 맛있는지, 무슨 드라마가, 책이, 영화가 재미있는지, 회사 일은 얼마나 힘든지. 내가 사는 이 세계가 전부가 아니라는 걸 그렇게나마 확인하고 싶었다.

블로그에 아이와 다녀온 곳들을 기록하기 시작했다. 대단한 글을 쓰는 건 아니고 일기장 정도라고 생각했다. 휴대전화 사진첩에 빼곡히 넘쳐나는 규리 사진도 정리하고, 기억하기 위해 기록하는 것들도 있었다. 그렇게 또 시간이 차곡차곡 쌓였다. 여기를 참 좋아했었지. 여기서 무슨 말을 했었지. 언제든 선택적 추억이 가능하다. 그 덕분인지 이렇게 책도 쓸 수 있게 되었다.

지금도 나는 블로그에 규리와 다녀온 곳들을 기록하고 있다. 나중에 규리가 커서 사는 게 힘들 때, 엄마의 사랑이 고플 때, 엄마의 젊은 날이 궁금해질 때, 조용히 블로그 주소를 알려주려고 한다. 나의 기록들이 아이를 응원할 수 있기를 바란다.

4. 책 읽기

드라마와 영상물을 좋아하지 않는 편이다. 한번 빠지면 무슨 일을 하더라도 그 시간에 TV 앞에 앉아 본방송을 사수해야 했다. 그게 나의 자유에 방해가 된다고 생각했다. 책은 드라마와 달랐다. 책 속에 답이 있고 길이 있다는 그런 얘기가 아니다. 내가 내 취향대로 읽을 책을 고르고 읽고 싶을 때, 읽고 싶은 만큼 읽을 수 있다는 게 좋았다. 책에서는 내가 주도적일 수 있었고 책을 읽으면 내가 더 나은 사람이 된다는 착각도 할 수 있다.

위의 4가지를 빼고 노는 거라면 넋 놓기가 가장 많았다. 아니면 지인들과 카카오톡으로 수다 떨기. 또는 인터넷 쇼핑하기나 웹서핑하기. 굳이 하지 않아도 되는데 계속한다는 건 "좋아서"하는 거다. 육아하면서 엄마 자신이 좋아하는 것을 계속 이어가는 것이 매우 중요하다. 아이도 중요하지만, 엄마가 더 중요하다는 이야기는 그런 의미가 아닐까.

네가 있어서 참 다행이야!

처음 아기의 성별을 알게 되었던 날을 기억한다. 내 뱃속에 여자 아기가 자라고 있다는 말을 듣고 진료실을 나와 다리가 풀렸다. 병원 옆 공원 벤치에 앉아 소리 내어 울었다. 꺼이꺼이 울면서도 배 속의 아기가 내 울음소리를 듣고 있을 테니 '울지 말자' 했고, 내 슬픔이 아이에게 전달되어 태아가 불안해질까 '안 울어야지' 했다. 그러면서도 흘러내리는 눈물엔 속수무책이었다.

나의 어린 시절엔 아들을 선호해서 학교 반에는 남자아이들이 더 많았고 남자아이들끼리 짝을 하는 경우도 흔했다. 내 어머니는 아들을 낳지 못해 시어머님을 비롯한 시댁 식구들의 쓴소리를 들어야 했다. 그렇다고 내가 여자라는 이유로 티가 나게 차별을 받은 기억은 없다. 아마도 여자들의 세상에서 살아온 기간들이 많아서인 것 같다. 애초에 차별을 받을만한 상황이 없었다.

아들을 낳고 싶었다. 아기자기하지 않은 나의 성격 탓도 있고 대한민국에서 여자로 사는 것보다는 남자로 사는 게 낫다고 생각했다. 남녀평등이니 공동육아니 말들은 하지만 아직은 아니다. 신혼 때야 맞벌이를 하고 지내면 크게 문제 될 것은 없는데, 아기를 낳으면서부터 모든 문제가 시작된다. 분명 '우리'의 아기이지 '내' 아기가 아닌데, 속된 말로 남자는 씨앗만 제공하고 하는 일이 없다. 임신부터 시작해서 출산은 그렇다 치자. 모유 수유는 왜 엄마만의 일이어야 하는지. 신체 구조상 엄마가 육아를 맡아 하면서도 아기에게 미안한 건 엄마이다. 사회적으로도 아빠의 육아휴직은 보편적이지 않다. 겨우 출산한 몸을 추슬러 복직을 해도 양육기관에 맡긴 아이 때문에 전전긍긍하는 것은 엄마고, 칼퇴근에 휴가에 또 아이를 낳기라도 한다면 승진은 물 건너간다. 남자 탓을 하려는 게 아니다. 현재 상황이 이러하니 나는 내 자식이 여자이기보다는 남자이기를 바랐다는 것이다. (물론 남자로 사는 것 또한 녹록지 않다는 것을 아주 조금은 알고 있다.)

아기를 키우면서는 딸을 낳아서 참 다행이라는 생각이 든다. 출산 전의 나는 자존감이 낮았는데 아기를 볼 때마다 그 어렵다는 출산을 내가 해냈고, 못 키울 줄 알았던 아기도 잘 키우고 있다는 사실에 자존감이 하늘까지 치솟는다. 아기가 웃어주기라도 하면 너무 행복해서 '와, 애 아빠는 이걸 못 봐서 어떡하지.'라고 돈 벌러 간 그가 불쌍하기까지 하는 것이다.

내가 엄마로서 느끼는 기쁨이 너무 많아서, 내 아이가 자라서 나중에 엄마가 된다면 이런 기쁨을 내 아이도 느끼겠지 싶으니 정말 딸을 낳기를 잘했구나, 싶다. 엄마만이 느낄 수 있는 기쁨과 보람이 분명 존재한다.

아이가 내게 오던 날을 기억한다. 2018년의 첫눈이 펑펑 쏟아지던 날이었다. 밤새 진통을 하느라 첫눈이 오는 줄도 몰랐다. 첫눈이 올 때 나는 로맨틱하게 산모의 3대 굴욕이라는 제모, 관장, 내진을 당하고 있었겠지. 아이를 낳는다고 하니 병원으로 오시던 부모님과 동생이 밖에 눈이 많이 온다고 사진을 찍어놓아서 나중에 알 수 있었다.

초겨울, 생일이 늦은 아이여서 친구들에 비하면 개월 수가 모자랐다. 어릴 때는 한 달 한 달이 큰 차이인데 그 생각은 하지 않고, 아이가 느린 편이라고만 생각했다. '누구는 한글을 떼고, 누구는 영어 동요를 부른다는데 얘는 왜 ABC도 모르지? 누구는 키가 훌쩍 큰데 얘는 언제 크려고 1m도 안 되지? 내가 가정보육을 해서 그런가?'로 귀결되던 수많은 날이 있었다. 수 없이 아이와 나 자신을 깎아내렸다.

가정보육을 같이했던 엄마들이 일깨워 주었다. 같은 개월 수 아이들과 비교해 보라고. 규리가 절대 느린 것이 아니라고 말이다. 가만히 생각해 보면 비교 대상 자체가 잘못되었던 거고 비교할 것이 아니라 아이 자체로 봐줄 수 있어야 했다. 하늘이 무너져도 엄마만큼은 아이를 알아주어야 했는데 앞장서서 깎아내렸다는 사실이 슬펐다.

내가 이렇게 부족한 엄마인데도 아이는 나에게 사랑표현을 하고 세상에서 엄마가 제일 좋다고 해준다. 내가 아이를 키우는 게 아니라 아이가 나를 키운다던 선배 맘들의 말이 너무 와닿는 순간이다.

"네가 있어서 참 다행이야."

빨리 컸으면 좋겠다 vs 크는 게 아까워

나의 가정보육은 '나가서 노느라' 대부분 시간이 너무 빨리 가는 쪽이었다. 그런데 코로나가 심해 집에만 있어야 할 때면 시간이 너무 안 가서 시곗바늘만 보고 있을 때도 있었다. 애써 치워 놓은 거실이 아이 때문에 순식간에 어지럽혀지는 걸 보고 있다가 너무 어지럽히지는 말라고 말뜻도 모르는 아이에게 사정한 적도 있다. 아이가 얼른 커서 놀고 난 후 장난감은 정리를 같이하면 좋겠다고 생각했다. 밥을 떠먹여 주고 바닥에 흘린 밥알을 훔치면서 아이가 빨리 커서 숟가락질만 스스로 해도 좋겠다고 생각했다. 수도 없이 기저귀를 갈고, 옷을 갈아입히면서 얼른 자라서 바지만, 아니 양말만이라도 스스로 입으면 좋겠다고 생각했다. 다 마른빨래를 개키면서 아이 옷 소매에 붙은 밥알을 발견할 때는 왜 떠주는 밥도 제대로 못 먹을까 싶었다. 일상의 아주 소소한 부분까지 내 손이 필요한 아이를 보면서 제발 이 시간이 그냥 지나가 버리기를 바랐다. 마음이 힘들 때 읽는 육아서에서는 아이는 금방 큰다고, 아주 잠깐이라고 했다.

그런데, 정말 잠깐이었다. 다 지나고 나니 이렇게 말할 수 있는 것 같기도 하다. 마치 하루는 긴데 일주일, 한 달은 너무 빠른 그런 느낌이랄까.

나는 규리와 하고 싶은 것이 많았다. 철마다 꽃 구경도 가야 했고, 엄마들 사이에서 좋다고 입 소문난 놀이터도 가야 했다. 유아 숲 체험원 투어도 했고, 계곡과 바다도 가고 싶었다. 두 돌이 되기 전엔 24개월 미만 무료입장, 세 돌이 되기 전엔 36개월 무료입장을 찾아다녔다. 매일 하고 싶은 것이 넘쳐났다.

규리는 쑥쑥 자랐다. 지난주의 놀이터에서의 규리와 이번 주 놀이터에서의 규리는 달랐다. 못했던 것들을 할 줄 알게 되고, 안 하던 말을 하게 되고, 보는 것이 달랐다. 지난주도 이번 주도 내가 100% 아이를 데리고 있었기에 알 수 있는 것들이었다.

아이의 성장은 뿌듯했다. 그러면서 한편으로는 아이가 너무 예뻐서 크는 게 아까웠다. 지금의 이 귀여움이, 앳된 티가 언제까지 이어지지 않을 테니 멈춤 버튼이 있었으면 했다.

나도 모르는 새 어느덧 부쩍 커버린 규리를 본다. 안 큰다 안 큰다 했는데 작년 이맘때, 같은 계절에 입었던 100 사이즈 옷이 작아져 더는 입을 수 없을 정도다. 막 낳았을 때의 발은 내 손가락의 두 마디 만큼 조그

마했는데 이젠 발도 많이 커서 내 손바닥에 꽉 찬다.

혼자서는 아무것도 할 수 없었던 아기가 커서 스스로 옷도 입고 스스로 손 씻기도 하고 화장실도 혼자 간다. 말도 못 했던 아기는 내가 혼자서 내뱉는 한숨과 푸념을 알아듣고 아이 수준의 해결책을 주기도 한다. '너 언제 이렇게 컸니.'

나중에 돌이켜보면 지금의 시간도 무척 그리워지겠지. 엄마와 친구들이 전부인 그 나이의 해맑은 아이를 몹시도 그리워할 것 같다. 지금도 더 어린 시절의 아이, 무언가 하려고 하면 서툴러서 엄마를 애타게 찾는 것밖에 할 수 없던, 그때의 아이가 보고 싶다.

아이와 여행을 간다고요?

우리 부부는 여행을 참 좋아한다. 나도 남편도 여행을 좋아해서 신혼 때부터 여행을 많이 다녔다. 그런 성향은 아이를 낳고서도 크게 바뀌지 않았다.

"여행을 왜 못 가? 아이 데리고 가면 되지."

아이를 봐줄 데가 없으니 아이와 같이 여행을 가면 된다고 생각했다. 아이가 커갈수록 아이와 함께하는 여행이 더 쉬워질 터였다. 젊어서 고생은 사서도 한다던가. 이유식을 먹일 때는 아이스박스에 이유식을 싸가기도 하고, 시판 이유식을 사서 먹이기도 했다. 기저귀를 좁은 차 안에서 갈아 입히는 것은 귀찮지만 어려운 일은 아니었고, 둘 중 한 명은 아이를 온전히 돌봐야 해서 아기 띠, 유모차, 아기 짐 등등을 들고 다니느라 힘들 때도 많았다. 아이가 밥을 먹게 된 후에도 우리 부부가 먹고 싶은 메뉴와 아이가 먹을 수 있는 음식이 달라서 장을 두 번씩 보기도 했다.

이 고생을 하면서까지 아이와 여행을 가야 하느냐고 묻는다면 내 대답은 '그렇다'이다. 일단 엄마 아빠가 둘 다 가만히 있지 못하는 성격이니 아이도 그냥 따라가는 거다. 누구는 호캉스를 가서 룸서비스를 시켜먹는 여행이 좋을지 모른다. 평소와는 다른 휴양지에 가서 여유로운 시간을 보내는 여행이 정말 휴가라고 생각할 수도 있다. 우리는 그 돈으로 더 많은 것을 보고 느끼기를 원했다. 자연의 소리를 들을 수 있는 곳으로 가고 바람을 느낄 수 있는 곳으로 가는 것을 원했다. 여행지에서 보고 듣고 깨달은 경험이 나에게도 규리에게도 남편에게도 무의식에 남아 오래 영향을 미칠 것이다. 보고 듣고 깨닫는 경험은 벽과 천장으로 사방이 막힌 방안에서보다 대자연 속에 있을 때 훨씬 많을 것이다.

기억에 남는 여행은 코로나 19전에 아이를 데리고 독일 베를린에 갔던 여행이다. 비행기를 오래 타야 하는 거라서 아이가 아플까 걱정이 되었고 시차 때문에 힘들지 않을까 고민이 많았다. 아이는 돌도 되지 않은 10개월 때라서 당연히 기억하지 못한다. 시차 적응 안 된 어른들만 졸음에 취해 아기 띠로 아기를 안고 다니면서 이게 무슨 개고생인가 싶을 만큼 힘들었다. 그 여행이 오래 기억에 남는 것은 해외여행이라서가 아니다. 힘들고 고생한 여행일수록 상세하게 기억난다. 몸에 고통을 기록하는 장치가 있나 싶을 정도다. 가려고 계획했던 여행 코스는 절반밖에 가지 못했고 그 대신에 아이 분유와 이유식을 사러 DM (우리나라의 편의점 같은 독일의 드럭 스토어) 문턱이 닳도록 드나들었다.

그 덕분에 돈 주고도 어디서 배울 수 없는 독일 사람들의 육아 방식을 간접 체험할 수 있었다. 서양인과 동양인의 기본적인 체구 차이도 있겠지만 사고방식 자체가 다르다고 느꼈다. 사회 분위기 자체가 아기를 키우는 것에 우호적이었고, 아기가 엄마 혹은 아빠의 생활 반경에 전혀 문제 되지 않았다. 평일 한낮에 아빠 혼자 아기 띠로 아기를 매고 카페에 와서 커피를 마시고, 엄마들은 아기를 돌보면서 브런치 카페에서 조찬 모임을 했다. (노키즈존 카페가 많은 한국에서는 아기 의자도 갖춰져 있지 않은 식당도 많다) 대중교통이 잘되어 있어서 쌍둥이 유모차도 버스에 탈 수 있고, 유모차를 트램에 실으려 하면 뒤에 서 있는 사람들이 함께 유모차를 들어 트램에 올려주었다. 독일의 육아도우미 DM에는 아기 기저귀 갈이대가 있고, 그 옆에 샘플로 사용하는 기저귀들이 크기별로 있다. 아기 이유식도 단계별로 있다. 가격도 한국 돈으로 1000원 정도면 한 끼니를 해결할 수 있으니 정말 육아할 맛이 나는 독일이었다.

코로나가 발목을 잡아서 아기와 함께한 해외여행은 일본 교토와 독일 베를린이 전부다. 코로나 이후로는 국내로 여행을 다녔는데 사람이 없을 만한 곳들로 다녔다. 매일 밖으로 나가서 나들이 육아를 한 덕분인지 여행이라고 해도 별다를 것은 없었다. 자는 곳만 바뀌고 여행 목적지의 아이와 가볼 만한 곳들을 찾아 일정을 짰다. 날씨가 좋은 날은 놀이터나 공원으로, 비가 오는 날에는 실내 박물관, 과학관 등으로 다녔다. 밥은 숙소에서 아침을 먹고 나왔고 점심은 김밥이나 도시락으로 차에서 해결하거나 야외에서 먹었다. 숙소로 가면서 저녁거리 장을 봐서 저녁도 숙소에서 먹었다. 여행은 먹는 재미가 8할이지만 코로나 때문도 있고, 아이가 밤잠을 일찍 자는 편이라 밤 문화는 포기 한지 오래여서 괜찮았다. 여행지에서 그곳의 유명 먹거리를 배달시키기도 했다.

국내 여행은 예약만 잘 해놓으면 따로 준비할 것 없이 편했다. 날 궂을 것을 대비해 박물관이나 과학관을 예약만 해놓으면 되었다. 날이 좋으면 예약한 것을 취소하고 놀이터나 유아 숲 체험 원으로 가면 그만이었다. 우리나라는 아이와 여행하기에 치안도 매우 안전한 편이고, 말이 안 통할까 전전긍긍할 필요도 없다. 급히 뭔가를 사려고 해도 24시간 편의점이 여기저기 있어서 좋고, 아이가 화장실이 급하면 모두가 한마음으로 도와주셨다. 오지랖 국민성이 싫지만은 않은 이유다.

알고 있다. 여행은 아이와 가면 힘들다. 뭐든 아이가 함께하면 힘들다. 그런데 힘들다고 해서 아이를 떼어놓고 싶지는 않다. 내가 원해서 낳은 아이이고 같이 행복하려고 아이를 낳아놓고 힘들 때는 누군가에게 맡기는 것은 소위 내 스타일이 아니다. 반칙처럼 느껴진달까. 힘들걸 알면서도 아이를 낳은 것처럼 힘들더라도 같이 여행을 하고 싶다. 인생이라는 긴 여행을 좋은 일도 나쁜 일도 같이 기뻐하고 함께 헤쳐나가면서 살고 싶다.

균형 육아

육아에 있어서 중요한 것이 '균형(balance)'이라고 생각한다. 엄마인 나의 성향이 밖으로 나가는 것을 좋아한다고 해서 아이를 밖으로만 놀릴 수는 없는 노릇이다. 또 엄마가 집을 선호한다고 해서 바깥 놀이를 전혀 하지 않고 집 또는 실내에서만 아이를 키울 수도 없다. 바깥 놀이와 실내놀이가 적절히 균형을 이뤄야 한다고 생각했다.

바깥 놀이의 대표적인 것이 놀이터 육아다. 아이 엄마라면, 모래를 뒤집어쓰고 놀아 크록스에 모래 한 바가지, 혹은 물을 길어다가 놀고 옷을 다 적셔온 아이를 보며 남몰래 한숨을 내쉰 경험이 한 번쯤은 있을 것이다. 놀이터의 놀이대에서 아이들은 대근육을 단련할 수 있다. 오르락내리락하는 것들, 중심 잡기, 시소와 미끄럼틀, 그네로 시작해서 친구들과 어울려 하는 놀이까지. 놀이터에서는 모두가 친구가 된다. 나이가 몇 살 많아도, 몇 살 적어도 스스럼없이 또래와 말을 섞고 놀기 시작한다. 놀이터는 어쩌면 아이들이 가장 공평한 대우를 받는 곳이 아닐까 싶다.

두 번째로 꼽고 싶은 것이 숲에서의 육아이다. 요즘은 전국 곳곳에 유아 숲 체험 원이 조성되어 있어서 아이들이 마음껏 뛰어놀기에 좋다. 숲에서 놀 때는 놀이터에서 놀 때와는 다른 근육을 쓴다. 언덕을 오르고 내리면서 대근육이 발달 되고, 계절 별로 다른 숲의 모습을 관찰하고, 곤충들과 생물들도 만날 수 있다. 자연 가까이에서 아이를 키울 수 있다.

바깥 놀이에 부모님과 함께 하는 소풍, 꽃놀이, 갯벌체험, 바다 물놀이 등등도 포함된다. 집 밖의 야외에서, 날씨의 영향을 많이 받는 놀이가 바깥 놀이다.

실내놀이에는 대단히 많은 자본이 몰린다. 문화센터와 키즈카페, 드로잉수업, 쿠킹클래스, 수영과 태권도, 발레 같은 것들도 실내놀이라고 생각한다. 날씨와 상관없이 놀 수 있으니 장난감, 역할놀이, 엄마표 놀이도 실내놀이이다. 실내놀이 중에서 내가 가장 오래도록 꾸준히 해온 것이 책 육아이다. 그림책도 보통은 집이나 도서관 같은 실내에서 읽기 때문에 실내놀이라 생각한다.

바깥 놀이와 실내놀이를 나누는 기준이 중요한 게 아니라, 바깥 놀이와 실내놀이가 균형을 이루는 게 중요하다. 하루에 각각 2시간씩, 3시간씩 하면 좋겠지만 아이와 놀다 보면 시간이 딱 맞아 떨어지지 않았다. 한참 재미있게 놀고 있는 아이에게 육아가 균형을 이루어야 하니 이제부터 들어가서 책을 읽자며 흐름을 끊는 것도 못 할 일이었다. 궂은 날씨 때문에 바깥 놀이를 못 하고 실내놀이만 하는 날들도 많았다. 크게 보았을 때, 한 달, 두 달 기준으로 균형을 이루면 좋겠다. 나는 그런 육아를 꿈꾼다.

엄마의 인간관계

육아는 엄마 혼자만의 것이 아니기에 나에겐 남편이자 아이에겐 아빠인 그 남자 이야기가 빠질 수 없다. 결혼은 같은 곳을 보고 가는 거라고 하여 '인생의 동반자'라는 표현을 많이 쓴다. 그런데 내 남편은 동반자라는 느낌보다는 '시어머님의 철부지 아들'이라는 생각이 들었다. 왜 이렇게 남의 편 같은지. 싸우기도 정말 많이 싸웠다.

가장 많이 싸웠던 것은 '밥' 때문이다. 아이를 낳고 나니 내 밥을 챙겨주는 사람은 없는데 내가 끼니를 챙겨야 하는 사람이 셋이 되었다. 맵지 않은 음식으로 탄수화물, 단백질, 지방, 과일 등등을 맞춰서 아이 식사를 챙기고 나면 나는 남는 반찬에 밥을 먹는 경우가 많았다. 그것도 가정 보육을 하니 아이를 보면서 밥을 먹어야 했다. 그건 먹는 게 아니라 대충 입에 쑤셔 넣는다는 표현이 가장 정확할 거다.

남편은 오전 6시 10분에 출근을 하니 회사에서 아침과 점심 두 끼니를 해결하고 집에서는 저녁 한 끼만 먹었다. 아이가 어릴 땐 밤잠 재워놓고 둘이서 술과 안주로 끼니를 대신한 적이 많아서 괜찮았다.

문제는 역시 코로나이다. 코로나로 인해 남편이 재택근무를 하게 되었다. 재택근무는 아침과 점심, 저녁까지 세 끼니를 집에서 먹는다는 것을 의미한다! 내 밥도 챙기기 힘들어서 대충 먹는데 말 그대로 수저만 더 놓았더니 항의가 시작되었다. '국이 너무 짜네, 나는 이 국 싫어하는데, 풀 반찬밖에 없네.' 반찬 투정을 하고 밥알을 세고 있으니 화가 났다. 참다 참다 폭발하여 먹던 밥그릇을 뺏어 그대로 싱크대에 버렸다.

"세상에 아이 키우면서 밥 차려줬더니 어디서 반찬 투정이야. 반찬 투정하는 건 밥 먹을 자격 없어. 나는 너의 엄마가 아니야. 배고프면 알아서 라면을 끓여 먹던지."

그렇게 파업을 선언하고 그 뒤로는 아이 밥과 내 밥만 챙겼다. 남편은 본인 먹고 싶은 것을 사다 먹기도 하고 라면을 끓여 먹기도 했는데 어느 날인가부터 내 밥을 챙겨주기 시작했다. 나는 누가 내 밥을 차려주면 그냥 다 감사한 처지여서 배알도 없이 맛있다고 고맙다고 남편을 치켜세워 줬다. 그 뒤로는 그 감사함이 계속 이어져서 먹는 것으로는 싸우지 않게 되었다.

흔히들 딸을 낳으면 아빠가 '딸바보'가 된다는데 남편은 딸바보가 아니다. 군대와 공대, 남초현상이 심한 회사에 다녀서일까. "밥 묵자."로 모든 표현이 다 된다고 생각하는 지역 색깔일까. 무뚝뚝하고 말을 안 예쁘게 하는 게 주특기이다. 그런데 문제는 규리에게도 그러는 거다. 규리가 말을 안 들을 때면 너무 크게 버럭 소리를 질러서 규리를 울릴 때도 종종 있었다. 남편이 화가 나서 쌍욕을 하는 것을 규리가 듣고 뜻도 모르면서 따라 하기도 했다. 그때마다 규리를 달래고 잘못된 행동을 바로 잡는 것은 고스란히 내 몫이었다. 제발 그러지 좀 말라고 해도 그때뿐이었다.

딸바보는 바라지도 않는다. 아이 마음에 상처를 주었으면 '미안하다'라고 사과 후 용서를 구하는 게 아이를 존중하는 거다. 그리고 그에 상쇄될 만한 좋은 기억도 남겨주려 노력해야 한다고 생각한다. 나는 그렇게 했고 남편에게도 그렇게 해달라고 얘기했으나 잘되지 않았다.

주말에 혼자 늦잠을 자는 것도 나의 분노를 일으키는 행동이었다. 주중에 일찍 일어나 출근을 해야 하니 피곤하겠지 하고 이해해 보려고 했다. 그런데 규리가 오전 6~7시면 일어나니 나도 그때부터 육아 출근이다. 규리의 이른 기상은 주말이라고 예외가 없다. 일찍 일어나서 놀아주고 아침을 챙겨 먹이고 하다 보면 세상모르고 잠만 자는 '아이 아빠'라는 사람이 꼴 보기 싫어지는 거다. 우리 부부는 금요일 밤엔 규리를 재워놓고 술 한잔하면서 이야기를 나누는데 토요일 아침이 너무 힘들었다. 같이 술 마셨는데 나는 매번 일찍 일어나 규리를 챙겨야 하니 부아가 치미는 것이다. 특히 주말에는 육아가 나만의 것이 아닌데. 주중에 가정보육으로 엄마와 시간을 많이 보냈으니 주말에는 아빠와도 시간을 보내야 하는데 말이다.

육아하면서 남편이 남의 편 같았던 때는 더 많다. 이 책의 남은 분량을 다 채울 수도 있다. 하지만 이 책의 주제는 남편이 아니고, 남편의 좋은 점도 있긴 있으니 여기서 줄인다.

아이 친구 엄마

엄마가 되기 전에도 인간관계는 어렵다고 느꼈다. 나는 사람 만나는 것을 좋아했고 활력이 넘치는 편이라 '만나자.'라고 먼저 제안하는 편이었다. 관계에 있어 밀어붙이는 쪽이었다. 그런데 대부분의 관계가 어려웠다. 상대와 만나기로 약속을 하고 약속한 날이 되기를 오매불망 기다렸는데 전날이나 당일에 사정이 생기거나 아파서 못 나온다고 약속을 취소하면 서운했다. 나 혼자 상대에게 3번 정도 유예 기간을 주었다. 약속을 3번 깨게 되면 이제 더는 그 사람에게 먼저 만나자는 말을 하지 않았다. 내가 만나자고 하지 않으면 연락도 없고 영영 만나지 않는 관계가 더 많았다. 그게 또 섭섭했고 상처가 되었다.

엄마가 되어서도 인간관계는 여전히 어려웠다. 엄마가 되었지만, 사람을 대하는 방식은 변하지 않았다. 잘못되었다는 자각이 없어서 내 방식을 바꾸어야겠다는 생각을 못 하고 살았던 거다. 엄마가 되고 나니 새로 만나는 사람들은 전부 아이 친구 엄마였다. 이 관계는 일반 인간관계와는 달라서 좀 특수하다. 친한 것처럼 보여도 아이를 떼고 인간 대 인간으로는 만나지 않는 관계다. 만나서도 아이 이야기 말고 엄마 자신의 이야기는 하지 않는 관계다. 흘러가는 날씨와 코로나, 아이들에 대한 정보 등등 가십거리는 빠르게 전달하되 속 깊은 이야기는 하지 못하는, 회사 동료 같은 피상적인 관계다.

'내가 육아로 힘든 만큼 저 사람도 육아로 힘들겠지.'라는 마음으로 처음엔 동질감도 느꼈고 측은지심도 들었다. 그래서 아이 친구 엄마들과 친해졌다고 생각했다. 여기까지는 사람과 사람 사이의 거리를 잘 조절하지 못한 내 탓이다. 그런데 만나려고만 하면 문제가 생겼다. 아이와 같이 만나는 거니까 자꾸 약속에 늦는 거였다. 10분 20분이 아니라 30분 40분을 상습적으로 늦는 아이 친구 엄마들의 변명은 다 똑같았다.

"아이가 밥을 늦게 먹어서요."

"아이가 옷 안 입겠다 떼를 써서요."

나도 아이를 키우니 그 마음 백번 이해한다. 내가 간과했던 것은 그 엄마와 나의 성향 차이였다. 나는 약속이 생기면 규리에게 누구와 언제 만날 것인지 이야기하고 약속에 늦지 않게 준비를 시켰다. 규리가 밥을 늦게 먹거나, 옷 안 입겠다고 떼를 쓰면 어서 준비하라고 닦달했다. 그렇게 해서라도 약속을 지키는 게 중요하다고 생각했다.

상대는 아이의 속도에 맞추는 게 중요한 사람이었다. 그러면 나와 서두르라고 들볶인 규리는 30분이 넘어가는 시간을 기다려야 했다. 그때마다 나도 규리의 속도에 맞추어 줄걸. 하면서 속상했다. 사실 만나서 뭐 대단한 걸 하는 것도 아닌데 말이다.

유치원에 다니고 나서 꽤 많은 아이가 유치원에 지각하는 것을 알게 되었다. 유치원에서는 등원 시간이 정해져 있다. 그 시간에 유치원에 가야 하는데 1시간씩 등원이 늦는 아이들도 있었다. 규리를 등원시키고 도서관에 들러 책을 둘러보고 앉아서 글도 쓰고 시간을 보내다가 나왔는데 그때 유치원에 가는 친구를 보았다. 유치원 가기 싫다고 아침부터 떼를 쓰고 준비를 안 하는 아이 모습이 눈에 훤하다. 부모가 얼마나 힘들까 생각이 든다.

그러나 한편으로는 몇 년 후에 학교 가면 어쩌려고 그러지 라는 오지랖이 고개를 든다. 유치원은 가기 싫으면 안 가고, 준비 늦게 해서 지각하는 아이가 학교 가는 나이에 그러지 말라는 법 없다. 지금은 나이가 어리니까? 아니 어렸을 때부터 시간 약속을 지키는 법을 알려주어야 한다고 생각한다. 그러다 이내 남의 아이 속으로도 오지랖 부리지 말고 나나 똑바로 하자 싶다. 그 부모는 그 부모 대로 아이에게 화내지 않고 잔소리하지 않으려 노력했는지도 모른다. 성향과 가치관의 차이이니 다름을 인정해야지. 그래서 엄마가 된 후의 인간관계가 더 어렵다. 각자의 아이가 얽혀 있으므로.

육아 is 체력전

육아하는 데 있어서 가장 필요한 것은 '체력'이다. 특히 가정보육을 하는 엄마들에겐 체력이 필수다. 아이와 24시간을 붙어 있으니 엄마의 몸상태가 무척 중요해지기 때문이다. 조금만 지쳐도 짜증이 나고 화가 올라오고 그 불똥은 결국 같이 있는 아이에게로 튄다.

규리를 낳기 전에 갑상샘암 수술을 했다. 막 서른이 된 내가 암이라니. 청천벽력 같은 말이었다. 다행히 전이도 없었고 심각하지 않아서 전절제하고, 없어진 갑상샘의 역할을 해줄 호르몬제를 먹으면 되었다. 수술하고 난 후에도 혹시 남아 있을지 모르는 암세포 때문에 방사성 동위원소 치료를 했다. 이 치료 때문에 1년은 피임을 해야만 했다. 지금은 이렇게 담백하게 이야기하지만, 당시에는 잘 받아들이지를 못했다. 갑상샘

암은 예후가 좋아서 5년 생존율도 다른 암에 비해 높았다. 암이라고 하면 흔히 생각하는, 머리가 빠지고 고통에 몸부림치는 항암제 치료는 아니었다. 그런데도 호르몬 관련 암이기 때문에 몸 상태가 오락가락했고 쉽게 피로했다. 체력이 달려 누워 있는 시간이 많았고 아무것도 할 수 없다는 생각에 꽤 우울했다. 살아 있었지만 산 것이 아니었다.

직장도 그만두고 몇 달을 쉬니까 몸은 점점 나아져 갑상샘이 없는 상황에 적응했다. 그때부터 고독한 혼자만의 싸움이 시작되었다. 대체 무엇 때문에 암에 걸렸는지 과거만 곱씹는 게 일과였다. 흡연이 폐암의 원인이 되듯, 잘못된 식습관이 위. 대장암의 원인이 되듯, 내가 암에 걸린 것도 원인이 있을 거라 여기고 이유를 찾으려 했다. 자책이었다.

끝도 없이 침잠해 가던 때 동네를 걷다가 스피닝이라는 운동을 알게 되었다. 뭐라도 해보자는 생각에 덜컥 등록하고 매일 스피닝을 타러 갔다. 할 수 있는 일이 그것뿐이었다. 그렇게 1년 6개월 스피닝을 타면서 체력이 올라붙었다. 전신마취로 인한 체력저하에서는 물론 회복되었고, 암 수술 전의 나보다 더 체력이 좋아졌다. 그러는 동안 동위원소 치료를 한 것도 1년이 지났고 임신을 해도 좋다는 의사 선생님 말씀을 들었다. 별다른 노력 없이 아이는 생각보다 쉽게 우리 부부에게 와주었다.

지금 생각해보면 그때 스피닝을 배운 것이 신의 한 수였다. 임신과 출산, 육아까지 모두 모체인 엄마가 건강해야 해볼 만하다. 임신 6개월 때 태교 여행으로 유럽 배낭여행을 갔고, 출산도 순산이었으며, 출산 후 회복도 빨랐다. 9개월 된 아기를 데리고 아기 띠로 유럽 여행을 또 했다. (코로나 전이어서 가능했다) 갑상샘암 때문에 회복을 위해 시작한 스피닝이 나의 육아 생활에 큰 도움이 되었고 가정보육도 할 수 있게 해준 바탕이 되었다.

육아하는 엄마들이라면, 특히 가정보육을 한다면, 수단과 방법을 가리지 말고 체력을 끌어올리기를! 한 단계 질 높은 육아를 할 수 있을 거라 장담한다. 자신이 좋아하고 즐겨 했던 운동 하나를 꾸준히 하는 게 중요하다. 육아 퇴근을 하고 나면 할 일도 많고 피곤해서 누워 있고 싶은 마음은 이해한다. 그런 날들이 반복된다면 가만히 있어도 나이는 먹으니 내년엔 더 힘들고, 내 후년엔 더 힘들다. 요즘처럼 홈트레이닝 하기 좋은 시절이 없다. 본인 체력에 맞는 가벼운 홈트라도 시작해 보기를 권한다.

그리고 운동만큼 중요한 것이 먹는 것이다. 닭가슴살을 챙겨 먹는 다이어트 식단을 하라는 것이 아니다. 아이 밥 챙기는 것도 힘든데 무슨 식단을 또 챙기나. 무엇을 먹든지 끼니를 거르지 않고 챙겨 먹어야 한다는 거다. 가족들 밥을 챙기고 나면 힘드니까 내 밥은 대충 라면을 끓여 먹거나 빵, 과자, 떡 등으로 때울 때가 많다. 그러다 보면 영양이 부족하고 면역력도 떨어져서 엄마가 아플 수 있다. 한국인은 밥심이니 세 끼 중에 한 끼는 밥을 먹었으면 좋겠다. 비타민이나 피로 해소를 돕는 간 관련 영양제, 홍삼 같은 건강식품도 챙겨 먹어야 한다. 나의 건강이 우리 집의 자산이라는 믿음으로.

나는 수술대에 올랐을 때 한번 죽었다. 언제 또 암이 재발할지 모른다는 두려움과 이번엔 그냥 지나가지는 않을 거라는 불안에 하루하루를 알차게 살게 되었다. 지금이 아니면 안 된다는 마음으로 버킷리스트를 작성하고 하나씩 실행하기 시작했다. 과거만 곱씹으며 하루를 흘려보내던 내가 체력이 되니 마음에도 변화가 생긴 거였다. 우리는 누구나 한정된 시간을 산다. 누구도 자신이 언제 죽을지 모른다. 당장 내일 사고로 생을 마감할 수도 있다. 나처럼 어느 날 갑자기 암이 찾아올 수도 있다. 자신의 인생을 한정판이라 여기고 이번 생을 즐기는 게 좋지 않을까. 사랑하는 내 아이와의 시간도 한정판이다. 어제의 아이는 오늘의 아이와 같지 않다. 내일의 아이도 오늘의 아이보다 몇 뼘 더 성장해 있을 것이다.

돈 쓰지 않고 놀 궁리

내가 집에서 혹은 집 밖에서 24시간 아이와 지지고 볶는 동안, 남편은 밖에 나가서 우리 가족이 사용할 돈을 벌어온다. 나도 배울 만큼은 배워서 충분히 경제활동을 할 수 있다. 회사에 다니며 일을 하고 돈을 버는 워킹맘으로 살 수도 있다는 이야기이다. 아이를 낳기 전의 나는 그랬다. 일도 하고 살림도 하고 아이도 키우는 한마디로 슈퍼 맘이 되고 싶었나 보다. 그런데 아이를 낳고 보니 아기가 너무 예뻤다. 아기와 더 많은 시간을 보내고 싶었다.

이유야 어찌 되었든 지금 나는 사회생활을 하지 않는다. 5년이 넘은 경력단절로 다시 돌아갈 직장도 없고, 회사에 다니고 싶지도 않다. 그러면 문제가 되는 것이 바로 '수입'이다. 남편이 벌어오는 돈으로 세 가족이 생활해야 한다.

이상하다. 나는 분명 24시간 아이를 돌보고 틈틈이 집안일도 하는데 돈을 벌지 않는다는 사실이 늘 마음에 걸렸다. 쉬지 않고 일을 하는데 집에서 노는 사람 같았다. 누가 나에게 그런 말을 한 것도 아니고 눈치를 준 것도 아니었는데 말이다. 고민 끝에 할 수 있는 것을 하기로 했다. 절약. 아이 키우면서 절약할 수 있는지 모르겠지만 할 수 있는 만큼 하는 것으로 마음을 먹었다. 먹이고 입히는데 돈을 안 쓸 수는 없으니 남은 선택지는 하나였다. 돈 쓰지 않고 놀 궁리를 하기 시작했다.

자본주의에 살면서 아이를 돈 안 쓰고 키우는 것은 정말 어렵다. 돈을 안 쓰는 대신 시간과 체력과 성의가 있어야 한다. 돈으로 간단히 해결될 것을 시간을 들이고 몸으로 때우고 품을 들인다. 키즈카페에 가면 아이도 신나 하고 2시간이 금방 가는데 돈이 든다. 그래서 키즈카페와 비슷한 놀이 시설이 있는 놀이터로 간다. 아이는 여기나 저기나 신나게 잘 논다. 문제는 돌발 상황인데 놀다가 대소변이 마렵다는 것이다. 키즈카페에선 마련되어 있는 화장실로 가면 손쉽게 해결된다. 놀이터에서는? 화장실이 없는 경우가 많아서 아이를 안고 화장실을 찾아 뛰어야 한다. 더 어린 아기의 경우 기저귀 갈이대가 준비된 키즈카페는 편한데, 놀이터에서 기저귀를 갈아줄 수는 없다.

놀다가 배가 고프거나 목이 말라도 마찬가지다. 키즈카페는 손목에 있는 팔찌로 계산을 하고 시원한 음료와 간식, 또는 따뜻한 밥을 먹일 수 있다. 놀이터에서는 먹이기도 쉽지가 않으니 엄마가 미리 다 준비를 해 가야 한다. 다녀와서는 준비해 갔던 그릇과 텀블러 등등을 설거지하는 것도 엄마의 몫이다. 품이 많이 든다.

어떤 것이 옳은 방법인지는 아직도 모르겠다. 절약으로 자본을 모았다가 나중에 돈이 필요할 때 쓰는 것이 나은지, 아니면 지금부터 해주고 싶은 것을 해주며 어린 날의 기억을 풍요롭게 하는 것이 나은지. 아이가 둘도 아니고 하나인데, 나도 외동아이 키우며 세상에 좋다는 것은 다 해주고 싶다. 다만 물질에는 한계가 존재하니 나는 내 가치관에 따라 최선을 다했을 뿐이다.

첫 번째로 아이와 숲에 갔다. 숲에 가는 것은 돈이 들지 않는다. 집에서 밥을 챙겨 먹고 간단한 간식과 물을 싸서 숲으로 갔다. 가기까지가 힘들지 일단 숲에 가면 실컷 놀 수 있었다. 시간제한도 없고 놀다 지치면 간식 먹으며 쉬었다가 또 놀면 된다.

두 번째, 아이와 놀이터에서 놀았다. 놀이터도 무료다. 모래 놀이를 할 수 있는 놀이터, 트램펄린이 있는 놀이터, 물놀이를 할 수 있는 놀이터 등 놀이터에 따라 다양하게 놀 수 있다. 키즈카페에 가야 할 수 있는 놀이 들을 놀이터에서는 마음껏 할 수 있었다.

세 번째, 아이와 도서관에 갔다. 날씨가 더워도 너무 더운 7월, 8월에는 에어컨이 나오고 물도 마실 수 있고 화장실도 이용할 수 있는 도서관이 정말 좋다. 날씨가 추울 때도 마찬가지다. 놀다가 추우면 도서관에서 몸을 녹이기도 했다. 도서관도 돈이 들지 않는다.

숲과 놀이터, 도서관. 이 세 가지 방법으로 가정보육을 했던 이야기를 다음 장부터 자세히 풀어보려고 한다.

PART 3.
숲에서 자라는 아이

지금 아이와 숲에 가야 하는 이유

가정보육을 하면서 가장 크게 도움을 받은 것은 숲이다. 혼자서도 가기 힘든 숲에 아이와 함께 가야 하는 이유를 묻는다면 코로나 시대에 언택트로 갈 수 있는 곳이라는 점을 꼽고 싶다. 평일 오전이나 오후에 숲 체험 행사가 진행되는 시간을 피한다면 사람 하나 없는 유아 숲을 만날 수 있다. 실내의 키즈카페나 쇼핑몰에 북적이는 사람들 틈에서 마스크를 쓰고 있는 답답한 시간보다는, 사람 없는 숲에서 자연을 벗 삼아 아이와 보내는 시간이 훨씬 호젓하다. 숲은 나무가 많아서 공기도 좋은 편이다. 사람보다 자연이 많으니 코로나 걱정은 잠시 접어두고 아이의 마스크를 벗겨 주며 상쾌한 공기를 들이마시게 할 수도 있다. 물론 성인들도 마스크를 쓰면 답답하지만, 특히 어린 아이들이 마스크를 쓰고 있는 것은 얼마나 답답할까 싶어 마음이 좋지 않다.

숲에 가면 계절의 변화를 뚜렷하게 느낄 수 있다. 아이와 함께 숲에 가면 평소보다 느린 속도로 걷기 때문에, 빨리 걸을 때는 보지 못하고 지나쳤던 발밑의 풀꽃이나 작은 열매가 보인다. 먹고 사는 게 바빠서 봄이 온 줄도 모르고 살았는데 숲에 가보니 개구리가 울고, 개나리가 꽃망울을 터뜨린다.

"엄마 이게 뭐야?"

옆에 있던 아이가 묻는다. 아이는 자연관찰 책에서 사진으로 접한 것들을 실제로 본다. 이 과정을 통해 자연에 관한 관심과 호기심, 집중력, 탐구력, 경외심 등을 기를 수 있다. 아이는 숲에서 통나무를 밟고 밧줄을 타고 돌멩이와 나뭇가지를 주워서 논다. 그러다 가만히 서서 새소리를 듣기도 하고 바람을 느끼기도 한다. 계절별로 숲의 모습이 달라서 지루할 틈이 없다. 자연스럽다.

숲 체험을 하면 아이들이 놀면서 몸을 많이 움직이기 때문에 신체 능력도 향상된다. 숲에서 충분히 에너지를 발산하고 온 아이는 배가 고프다며 밥을 찾고, 피곤하니 잠도 달게 잔다. 잘 먹고 잘 자니 면역력도 길러진다. 숲은 오르막이나 내리막, 장애물이 있어서 평소와 다른 근육을 쓴다. 숲은 아이를 건강하게 키우는 방법이라고 생각한다.

아이를 키우는 부모들에게 가장 현실적으로 와닿는 좋은 점은 이 모든 것이 무료라는 것이다. 아이와 놀이공원, 키즈카페에 가려면 입장료만 생각해도 부담스럽다. 간식이나 끼니를 해결하려면 추가 비용이 또 든다. 숲에는 입장료가 없다. 간식이나 도시락을 싸서 소풍을 갈 수도 있다. 돈 걱정 없이 온 가족이 즐겁게 보낼 수 있으니 더 좋다. 요즘은 너도 나도 숲 체험을 하고 싶어하니 전문 숲해설가분들이 생태해설을 하는 유료 프로그램도 있다. 물론 그것도 좋겠지만 그런 숲 체험은 비용적으로 부담되고 지식적인 측면에 치우쳐 있다. 아이에게는 누구와도 바꿀 수 없는 존재인 엄마, 아빠와 숲 체험을 간다면 아이의 정서에도 좋을 것이고, 그 자체로 추억이 될 수 있다.

자연결핍 장애

'자연결핍 장애'라는 말을 들어본 적 있는가? 말 그대로 자연에서 보내는 시간이 줄어들면서 나타나는 장애이다. 일상에서 자연을 멀리하면서 활동량이 줄어들어 신체적, 정신적 질병이 증가하고 오감이 둔화하며 주의 집중력이 결핍되는 것이다. 한마디로 도시에 사는 사람들에게 생기는 '도시병'이다.

지금의 성인들은 자연에서 보내는 시간이 줄어들어 일부러 자연을 찾기도 한다. 어렸을 때 자연에서 놀았던 경험이 있기 때문이다. 문제는 자연이 사라지고 텔레비전과 컴퓨터, 스마트폰이 일상화된 때에 태어나고 자란 아이들이다. 아이들은 자연이 결핍된 줄도 모르는 채로 자연결핍 장애를 앓는다. 눈으로 들여다보고, 귀로 소리를 듣고, 코로 냄새를 맡고, 입으로 맛을 보고, 손으로 피부로 만져보면서 오감이 자연스럽게 발달해야 하는데 요즘 아이들은 문화센터에서 오감 놀이 수업을 받는다. 여름은 더운 거고, 겨울은 추운 것이 당연한데도 에어컨이 빵빵한 실내에서 지내고, 난방으로 후덥지근한 겨울을 보내는 아이들은 덥고 추운 것을 견디지 못한다. 그래서 지구 온난화로 빙하가 녹아내려 북극곰이 살 곳이 없다고 해도 공감하지 못하고 텔레비전과 영상을 통해 보는 '남의 이야기'가 되어버린 것은 아닐까.

아이가 두 돌이 되기 전에 마트의 문화센터에서 당근(자연물)으로 하는 촉감 놀이 수업을 들은 적이 있다. 당근을 직접 보고, 만지고, 냄새 맡고, 맛보고 하는 프로그램이었는데 커다란 비닐을 깔아놓고 그 위에서 당근을 자르고 갈아서 아이들이 가지고 놀게 하는 것이었다. 먹을 수 있는 식재료를 수업에 사용하니 구강기 아이들이 혹 입으로 가지고 가더라도 안전하고 마음 편하게 수업을 받을 수 있는 것이 장점이었다. 집에서 엄마가 해줄 수는 없는 규모고, 치우는 것도 일이 되니 함부로 도전할 수 없는 놀이를 문화센터에서 쉽게 접해볼 수 있었다.

그런데 당근이 아깝다는 생각이 들었다. 그 당근 하나를 수확하기 위해 땅을 갈고 씨를 뿌리고 정성껏 가꾸었을 땀방울을 너무 쉽게 생각하는 것 같았다. 당근이 그저 장난감처럼 여겨져서 속상했다. 다행히도 그 수업은 일일 클래스라서 한 번 듣고 끝인 수업이었다. 정기적으로 가는 거였다면 더 속이 상했을 거다.

　그즈음부터였다. 제철 농작물에 관심을 가지고 하나하나 수확체험을 하러 다녔다. 내가 직접 텃밭을 가꾸었다면 더 좋았겠지만, 주말농장도 밭떼기 얻기가 쉽지 않았고 베란다 농장도 일조량이 넉넉하지 않아 작물 종류에 제한이 있었다. 직접 텃밭에서 농작물 키워 수확하려고 하면, 농장들의 체험료가 비싸다는 생각이 안 들었다. '누가 나에게 그 돈을 줘도 수확체험 안 시켜.'라는 마음이 먼저 앞선다. 체험농장 주인분들이 자식 같은 수확물을 체험하게 해주시는 데 감사한 마음이었다.

　자연결핍이 생기는 이유로 가족끼리 보내는 시간 부족, 텔레비전과 컴퓨터 앞에서 보내는 시간의 증가, 현대인의 식습관과 생활방식을 꼽는다. 자연결핍 장애를 해결하려면 자연에서 가족과 보내는 시간을 늘리면 된다. 코로나 이후 유행이 된 캠핑, 글램핑이 답이 될 수도 있겠다. 너무 거창하다면 주말이라도 짬을 내어 아이와 함께 가까운 자연을 찾아보기를 권한다. 산에 가보는 것도 될 수 있겠고, 바다에 가보는 것도 좋다. 흘러가는 구름을 관찰하거나, 별을 세어보거나, 꽃을 보러 가는 것도 추천한다. 작은 텃밭을 가꾸는 것, 돈을 내고 수확체험을 하러 가는 것도 좋다. 내가 추천하고 싶은 것은 아이 손을 잡고 부담 없는 집 근처 유아숲 체험 원을 찾아보는 것이다.

개구리가 노래하고 도롱뇽이 알을 낳는 봄의 숲

봄은 숲에서부터 온다. 2월 하순부터 숲은 봄맞이 준비가 한창이었다. 개구리와 도롱뇽이 알을 낳고, 노란 산수유와 매화가 봄을 알린다. 뒤이어 개나리와 목련도 피어나고 진달래도 숲을 핑크빛으로 물들인다. 아이와 손잡고 봄의 숲에 다녀온 날엔 뭘 시작해도 좋을 것 같다는 생각이었다. 새싹들과 로제트 식물도 새롭게 움트고 있었으니까.

봄을 온몸으로 느껴보고 싶다면 추천하는 곳은 경기도 성남시 분당의 판교공원 유아 숲 체험 원이다. 유아 숲 체험원 입구부터 왕벚나무, 개나리, 목련의 이정표가 보인다. 봄꽃들을 보고 싶다면 그쪽으로 가면 된다. 2월 말에는 아직 꽃들이 피기 전이다.

봄꽃 대신에 유아 숲 체험원 쪽으로 향했다. 판교공원에는 표현 놀이 숲, 인디언 집, 흔들 다리, 통나무 터널, 숲속 교실, 모래놀이터 등이 있어서 아이들이 다양하게 놀 수 있다. 규리는 흔들 다리를 특히 좋아한다. 몇 번이고 왔다 갔다 하는데 질리지도 않나 보다. 한참을 놀다가 지친 규리와 숲 소파에 나란히 앉았다. 흘러가는 구름을 보고 볼에 와닿는 봄바람을 느꼈다.

유아 숲 체험 원에서 묵논습지 쪽으로 가봤다. 무슨 소리가 시끄럽게 났는데 개구리 울음소리였다. 귀가 따가울 정도로 울어대며 개구리들이 힘차게 봄을 알려주었다. 보호색을 띠고 있는 개구리였지만 그 수가 워낙 많아서 27개월 아이의 눈에도 띄었나 보다.

"개굴개굴 개구리 노래를 한다."

노래를 부르면서 묵논습지에 쪼그리고 앉아 펄떡펄떡 뛰는 개구리를 관찰했다. 헤엄치는 개구리, 짝짓기하는 개구리 커플, 개구리 알 등등. 자연관찰 책에서나 볼 법한 모습을 서른여섯 살에 처음 봤다. 27개월 아이도 생에 처음 보는 광경이다. 징그럽다고 생각하면 한없이 징그럽기만 하다. 그러니 징그럽다는 생각은 넣어두고 들여다보기를 권한다. 정 싫으면 개구리를 보는 아이 표정을 보면 된다. 움직이는 생물을 볼 때 아이들의 눈빛은 반짝반짝 빛난다. 그 눈빛이 얼마나 예쁜지. 편견 하나 없이 있는 그대로 생물을 관찰한다는 느낌에, 나도 그래야 하는데 생각한다. 나는 편견 없이 있는 그대로의 아이를 보고 있는지. 옆집 아이와 비교하며 아이를 대한 것은 아닌지.

되돌아 나오면서 유아 숲 체험원 입구에 다다랐다. 개울이 흐르고 작은 연못이 있다. 들어갈 때는 관심을 두지 않았는데 개구리를 보고 나오니 연못과 개울에도 관심을 두게 된다. 앉아서 연못을 들여다보니 개구리 알과 올챙이가 어마어마하게 많았다. 곧 이쪽 연못도 묵논습지처럼 개구리 울음소리로 가득하겠지. 동그란 막 안에 들어있는 도롱뇽 알도 볼 수 있다. 도롱뇽은 멸종 위기라서 함부로 만질 수는 없지만 볼 수 있는 것도 어딘지. 봄 마중하러 유아 숲에 오기를 잘했다.

진달래꽃으로 화전을 만들어 먹다

여느 날처럼 아침을 일찍 먹고 아이와 숲으로 향했다. 봄의 숲에서는 볼거리가 많아도 너무 많기 때문이다. 3월이 되면 산비탈에는 진달래꽃이 피기 시작한다. 아직 연둣빛이 되기 전의 숲이라서 휑한 느낌도 있는데 진달래가 숲에 연분홍색 점을 찍어놓은 것 같다. 이제 빨주노초파남보를 구분해서 말하는 27개월 아이에게 진달래의 연분홍색을 어떻게 설명해 주어야 할까. 백문이 불여일견. 백 마디의 말보다 그냥 한번 보여주는 게 낫다고 판단했다. 숲에서는 자연을 직관적으로 느낄 수 있다. 한번 체험한 것은 잘 잊어버리지도 않는다.

화성시 동탄에 있는 선납 숲 유아 숲 체험원 입구에는 귀여운 개구리 모형 4마리가 노래를 한다. 나무 위에 있는 나비, 잠자리, 사슴벌레 모형에게도 안녕 인사를 건넨다. 바닥에는 멸종 위기라는 쇠똥구리 모형도 있다. 규리는 똥만 보면 좋아해서 쇠똥구리를 제일 좋아했다. 통나무 계단을 올라 미끄럼틀을 타고 더 위로 올라갔다. 흙으로 된 언덕을 올라 긴 미끄럼틀도 탔다. 밧줄로 만든 삼각뿔 모양 정글짐도 제법 올랐다. 통나무와 밧줄로 만든 균형 대에서도 이리저리 왔다 갔다 하며 논다.

숲에서 많이 놀아서인지 규리는 또래 아이들보다 대근육이 발달했다. 한바탕 유아 숲에서 뒹굴고 나서 집으로 돌아오면, 숲에서 본 것들 위주로 그림책을 읽어준다. 놀면서 봤던 것들이기 때문에 아이의 집중력과 몰입도가 높다.

며칠을 지나다니며 진달래꽃을 보기만 했다. 꺾으면 안 될 것 같았다. 그런데 진달래꽃이 하나둘 떨어지기 시작했다. 용기를 내어 5송이 정도를 꺾었다. 꽃 몇 송이는 줍기도 했다. 그림책에서 본 대로 진달래 화전을 만들어 먹을 생각이었다. 내가 어릴 때만 해도 진달래꽃을 따서 그냥 먹어도 되었다지만, 산과 들이 오염되고 코로나바이러스가 창궐하는데 바로 먹어보라 할 수는 없었다. 아쉽지만 집으로 가져온 진달래꽃을 깨끗이 씻고 식초 물에도 담가 놓았다. 찹쌀가루를 사다가 따뜻한 물에 반죽해서 진달래꽃을 얹고 구워내면 끝이었다. 꿀과 함께 내어놓으니 디저트가 따로 없다. 아이는 꽃을 먹는다면서 좋아했고, 남은 반죽은 조물조물 촉감 놀이를 하며 놀았다.

"엄마 꽃 또 먹고 싶어요."

진달래도 때가 있어서 화전을 먹으려면 여름, 가을, 겨울이 지나 다시 봄이 될 때까지 1년을 기다려야 한다고 말해주었다. 아이는 숲을 통해 기다림을 배운다.

봄과 여름 사이, 연둣빛 숲

아닌 척하지만 나는 일상에서 스트레스가 많다. 그럴 때는 아이와 숲으로 간다. 육아도 하면서 나도 힐링할 수 있는 곳, 바로 숲이다. 봄과 여름 사이의 연둣빛 숲은 보기만 해도 마음의 근심을 걷어가는 마법이다. 일상에 매여 살지만, 나무 냄새도 맡고 흙도 밟으면서 살아야지 하는 생각이 저절로 든다.

규리가 17개월 되던 때부터 유아 숲을 찾아다녔다. 아이가 너무 어려서 엄마표로 숲 체험을 할 수밖에 없었다. 1년쯤 지나 아이와 다녀온 유아 숲이 100여 곳이 넘어갔다. 29개월 되었을 땐 부모님과 함께하는 숲 체험 신청을 했다. 숲 선생님과 함께 하는 숲 체험이 궁금했다. 그동안은 나이가 어려서 신청 자체가 불가했다. 숲 선생님이 하시는 말씀을 알아들어야 하고 체력적으로도 수업을 받을 수 있는 개월 수가 아니었다. 29개월엔 의사소통도 제법 되었고 엄마와 숲 체험 많이 해봤으니 엄마 외의 타인과도 숲 체험을 하면 어떨까 하는 마음이었다.

경기도 의왕에 있는 바라산 자연휴양림은 유아 숲 체험 원이 있고 캠핑구역도 있어서 아이들과 함께 가기에 더 좋다. 자연휴양림 내에는 작은 개울도 흐르니 수서 생물들을 관찰하기에도 좋고 운이 좋으면 휴양림 숙박시설을 예약할 수도 있다. 나는 감사하게도 29개월 아이와 바라산 자연휴양림 숲 체험을 무료로 받아볼 수 있었다.

신청할 때 보니 다른 아이들은 7살, 9살, 10살이었다. 규리는 4살로 제일 어렸다. 초등학생 또는 체력 좋은 유치원생을 위주로 수업이 진행된다. 잘 따라갈 수 있을지 걱정이 되었지만, 규리와 내가 함께한 100여 번의 숲 체험을 믿었다.

숲 선생님은 길가에 흔히 보이는 민들레부터 국산 민들레와 서양 민들레의 차이를 알려주셨다. 민들레가 민들레지, 꼭 그 차이를 알아야 하냐 의문이 생긴다면 자연관찰 책을 읽어보시라. 국산과 서양 민들레 차이가 설명되어 있다. 실제로 민들레 차이를 눈으로 보면 자연관찰 책도 재미있게 읽을 수 있다.

루페도 하나씩 나눠주어 목에 걸고 작은 꽃도 관찰했다. 라일락 향도 맡아보았고 새가 비밀스럽게 만들어 놓은 둥지도 볼 수 있었다. 선생님을 따라 한 시간가량 숲길을 걸으면서 호박벌, 매미나방 애벌레, 자벌레, 소금쟁이, 도롱뇽 알, 올챙이까지 모두 보았다. 도롱뇽 알과 올챙이는 흰색 플라스틱에 떠서 아이들이 볼 수 있게 놓아주셨다.

숲에 많이 가본 아이는 티가 났다. 맨 앞으로 가까이 가서 올챙이를 관찰하고 겁 없이 도롱뇽 알도 만져보려고 했다. 7살, 8살 언니 오빠들은 무섭다며 엄마 뒤로 숨었다. 규리가 잘했다는 자랑이 아니다. 엄마 혹은 아빠의 가치 판단에 따라 아이도 정보를 선택해서 받아들일 수 있다는 것이다. 부모가 세상을 대하는 태도를 보고 아이들은 똑같이 따라 하고 배운다. 엄마인 내가 더 똑바로 살아야 하는 이유가 된다.

마지막엔 공터에 도착해서 나비 만들기 꾸러미를 나눠주셨다. 색연필로 색칠하고 만든 나비를 날리면서 수업이 끝났다.

엄마표 숲 체험은 내 아이에게 맞춰줄 수 있다는 장점이 있지만, 숲 선생님과 함께하는 숲 체험은 지식 전달과 단체 활동이 장점이다. 아이가 초등학생 이상이라면 숲 선생님과 함께 하는 숲 체험도 좋다는 생각이다.

"선생님 저랑 손잡고 놀아요."

수업 중에 가장 활발했던 남자아이가 숲 선생님과 헤어지기 싫은 모양이었다. 한 시간 정도 함께 시간을 보냈을 뿐인데 그새 정이 들었나 보다. 다른 아이들은 주변 눈치 보느라고 얘기도 못 하는데 그 아이의 자유로움과 순수함이 오래 마음에 남았다. 4살 내 아이도 그렇게 키울 수 있을까. 점점 웃자란 아이들이 많은 요즘에, 아이를 아이답게 키우고 싶다는 생각이 들었다. 체력이 다 소진되어 피곤한 규리를 등에 업고 산길을 내려가는데 규리가 등 뒤에서 얘기했다.

"엄마가 도시락 쌌지? 엄마 나 배고파."

바라산 자연휴양림에 있는 야영장 A 구역 사이트에 앉아 아침에 싼 도시락을 까먹었다. 숲 체험을 마치고 먹는 도시락은 또 얼마나 맛있는지. 안 먹어본 사람은 모른다. 초록 숲에서 점심 먹고 옆에 개울에서 또 놀았다. 몸은 고되지만 뿌듯한 숲 체험이었다.

생명체들의 성수기 초록빛의 여름 숲

봄, 여름, 가을, 겨울 사계절 중에 가장 숲에 가기 좋을 때는 여름이다. 여름의 한낮 뜨겁게 내리쬐는 태양에는 가만히 있어도 땀이 줄줄 흐른다. 아이와 놀이터에 가려고 해도 스테인리스와 철로 된 그네, 시소, 미끄럼틀 모두 화상 위험 때문에 사용할 수가 없다. 야외의 공원도 땅이 달궈지고 그늘이 없어서 얼굴이 벌겋게 익기에 십상이다. 바닷가로 계곡으로 워터파크로 물놀이를 간다지만 그마저도 코로나 때문에 쉽지 않다. 그래서 에어컨이 빵빵하게 돌아가는 실내 키즈카페나 쇼핑몰에 아이들이 몰린다. 나는 규리의 손을 잡고 숲으로 갔다. 나무 그늘이 있어서 도심보다는 숲속이 온도가 낮아서 좋았다. 물론 에어컨이 시원하지만, 장시간 에어컨을 쐬면 냉방병 때문에 머리가 아프다. 여름에는 땀도 좀 흘려야 여름이겠다.

올림픽대로를 타고 춘천 방면으로 가다 보면 하남시에 유아 숲 체험원이 있다. 주차장도 잘 되어 있고 유아 숲 체험원 자체의 규모가 커서 5살 이상의 아이들을 놀리기에 정말 좋다. 아스팔트가 뜨거운 6월 하순이었다. 유아 숲 체험 원에 들어서니 나무가 많아서 시원한 느낌이 들었다. 밧줄 놀이, 그물 휴식처, 인디언 집, 나무기둥 밟기, 그네 타기, 나무 사다리 오르기 등으로 한참 놀았다. 놀이 공간을 벗어나 산책로를 따라 걸으니 투명보트 타는 곳이 보였다. 코로나로 중단된 것 같았지만 바닥이 투명한 보트를 타면 아이들이 얼마나 좋아할까 생각하니 아쉬웠다. 냄비와 철 그릇 등을 재활용해 만든 타악기는 숲 놀이터 가면 쉽게 볼 수 있는 것인데도 매번 좋아한다.

날이 더워서 빨간색 파라솔 벤치에 앉아서 물과 간식을 먹었다. 나는 그 틈에 벤치 옆에서 네 잎 클로버를 찾았다. 토끼풀 있는 곳에 가면 아이에게 토끼풀 팔찌를 만들어주고 네 잎 클로버를 찾는다. 풀 하나 가지고도 한참 놀 수 있다. 숲에서 만나는 나무와 풀, 작은 꽃과 열매, 흙과 돌멩이, 곤충들처럼 모든 자연물이 아이들의 친구가 되어준다. 대단한 것이 아니어도 된다. 자연물은 자연 그대로 충분하다. 주워서 놀고 버리고 오면 된다. 플라스틱 장난감처럼 살 때 돈을 지급하고, 버릴 때도 돈을 지급하지 않는다. 우리 집의 경제 사정에도, 환경에도 비싼 장난감보다 자연물로 노는 게 훨씬 좋은 것이다. 간식을 먹고 나서 모래놀이터에 가서 한동안 모래 놀이를 즐겼다. 모래놀이터에 햇빛 가림막이 설치되어 있어 좋았다. 바로 옆에 공룡 흔적 찾기도 있다. 모래놀이터처럼 생겼는데 흙을 파다 보면 공룡 뼈가 보인다. 나도 동심으로 돌아가 함께 뼈 모형을 발굴했다.

하남 유아 숲 체험 원의 백미는 미로체험이 아닐까. 자연미로는 여름에 가야 제일 재미있다. 초록 잎들이 무성하게 자라서 아이들이 미로에서 길을 잃기에 좋다. 물론 어른의 키 높이에서는 미로가 다 보인다. 미로 앞에 세워진 유아용 세발자전거는 무료로 이용할 수 있다. 아이들은 발만 얹고, 운전은 엄마가 하는 것이다. 몸은 고달프지만, 아이가 까르르 웃으며 좋아하니 그것으로 되었다. 시간이 지나 아이가 성인이 되어서 어린 시절을 돌이켜 볼 때, 엄마와의 숲 체험이 좋은 기억으로 남아 있었으면 좋겠다.

한여름, 대프리카의 숲에 가본 적 있나요

여름의 숲은 푸르다. 그 짙은 초록빛에 마음이 평온해진다. 여름의 숲은 살아 있다. 사람들은 더워서 헉헉거리지만, 숲에서는 생물들이 가장 바쁘게 활동적으로 움직이는 계절이 여름이다. 매미들은 맴맴 앞다투어 울고, 나비가 날아다니고 메뚜기, 방아깨비, 사마귀, 잠자리 같은 곤충들이 쉽게 눈에 띈다. 물론 불청객 같은 모기도 식생활이 아주 활발하다. 성충이 어떤 모습인지 모르겠는 애벌레들도 기어 다닌다. 여름의 숲에 방문할 때는 해충기피제를 꼭 챙기고 긴 상의와 긴바지를 입는 것이 좋다. 그리고 수시로 수분을 보충할 수 있는 물을 가져가는 것이 좋다.

대구는 분지 지형이라서 여름에 무척 덥기로 유명하다. 그래서 대구와 아프리카를 줄여 '대프리카'라고도 부른다. 기온이 35도가 우습게 넘어가는 7월 말, 대구에 있는 앞산 고산골 유아 숲 체험 원을 찾았다. 열사병의 위험이 있으니 너무 더운 시간인 오전 10시에서 오후 2시는 피했다. 아침 일찍 일어나서 움직이니 오전 9시에 앞산 고산골에 도착했다. 낙후된 지역에 공룡 공원을 조성하여 어린이들을 위한 공간을 만들었다. 공룡의 크기도 무척 컸고, 공룡 소리도 나니까 무서웠는지 20개월 아이가 울고 말았다.

처음부터 목적은 고산골 유아 숲 체험 원이었기에 공룡 공원에서부터 우는 아이를 안고 걷기 시작했다. 오전 9시여도 아이를 안으니 땀이 줄줄 이었다. 유아 숲 체험 원으로 향하는 길목에는 어린이 체험 학습장이 있다. 놀이터에서 흔히 볼 수 있는 놀이 시설들이 몇 개 있고, 나무와 꽃, 작은 동물들을 볼 수 있는 곳이었다. 어린이집이나 유치원에서 단체로 소풍 오기에 좋은 곳이라 생각했다. 유아 숲 체험 원은 어린이 체험 학습장에서 조금 더 올라가야 있다.

고산골 유아 숲 체험 원에 도착하니 줄을 잡고 오르는 것부터 시작이었다. 오르고 나면 풀이 무성하게 우거진 미로 원이었다. 어른의 눈높이에서는 길이 훤히 보이는 미로 원이었지만, 아이의 눈높이에서는 정말 막다른 길이었는지 뛰어다니면서도 길을 못 찾았다. 결국, 내가 한발 앞서서 길을 알려주었다. 인디언 집짓기, 모래놀이터, 데크 교육장, 균형

잡기 등의 시설은 유아들이 숲 체험을 즐겁게 할 수 있도록 도와준다. 규리가 가장 좋아했던 것은 기린 모양의 출렁다리를 건너는 것이었다. 한 발씩 한 발씩 내디뎌서 느리게 건넜지만, 사람이 없는 시간이라 아이의 속도를 기다려줄 수 있었다. 몇 번을 건넜는지 모르겠다. 그러다가 시간이 오전 10시가 넘어가고, 유아 숲 지도사와 단체로 학습 온 아이들이 보여서 내려왔다.

앞산 고산골을 즐기는 또 하나의 방법이 있다. 바로 맨발 산책길이다. 규리의 신발도 벗기고 나도 신발을 벗었다. 아이들이 흙을 밟으면 정서 안정에도 좋고 오감발달에도 좋다는데 어디 한번 흙 좀 밟아볼까. 1km의 흙길이 이어지는데, 더운 날 공룡 공원에서 유아 숲 체험원 까지 다녀오니 체력이 소진되어 1km를 다 걷지는 못했다. 그래도 규리의 고운 발에 닿았을 흙의 촉감을 생각하니 힘들어도 배시시 웃음이 나왔다. 정말로 유아 숲 체험 원은 아이의 오감을 골고루 발달시켜 준다. 그래서 더워도, 모기에 물려도 감수하고 숲을 찾는 것이다. 맨발 산책 후에는 근처에 세족 장이 있어서 규리도 나도 깨끗하게 씻고 숲 체험을 마쳤다.

웬만한 키즈카페보다 나은 그곳

날씨가 아무리 더워도 아이들은 놀아야 한다. 코로나 때문에 실내보다는 야외가 낫겠지만, 8월의 야외는 더워도 너무 덥다. 더위를 식히려면 물놀이가 제격이다. 워터파크는 코로나 때문에 문을 닫았고, 바닷가에는 인파가 몰린다. 그래서 또 숲을 찾게 된다. 8월에는 자연휴양림 내의 유아 숲이 좋다. 나무가 많아 그늘지고, 발만 담가도 시원한 계곡이 있고, 야영할 수도 있다.

멀리 여행을 가지도 못하고 답답해만 하던 8월의 여름날, 천안에 있는 태학산 자연휴양림으로 갔다. 반나절 바람이나 쐬고 오자는 심산이었다. 태학산 자연휴양림 내에 있는 아이 숲 놀이마당에는 커다란 모래놀이터가 있다. 부모들은 동그란 모래놀이터 둘레에 원터치 그늘막을 치거나 파라솔을 설치하고 노는 아이들을 지켜보았다. 아이들은 더위도 잊은 채 모래 놀이에 열중했다.

모래놀이터 옆에는 색색의 나무 블록 쌓는 공간이 있다. 숲에서 블록 놀이를 하는 것도 색다른 재미인데, 나무 조각으로 만든 블록에 알록달록 색을 칠해 놓아서 재미를 더했다. 여기가 태학산 자연휴양림 유아 숲 체험 원의 꽃이라고 생각한다. 아이가 집과 징검다리를 만든다면서 색깔 블록으로 한참 놀았고, 사진을 찍어도 예쁘게 나오는 포토존 같은 곳이었기 때문이다. 그래서인지 특히 부모의 참여도가 높은 곳이기도 했다.

나무에 올라볼 수 있는 사다리, 밧줄 타기, 줄 잡고 오르기, 숲속 나무집, 거미줄 놀이 등 놀이 시설에 전부 색이 입혀져 있었다. 한 번 하고 말 것을 여러 번 하게 만드는 색깔의 힘이었다.

한바탕 놀고 나오다가 잠자리를 잡고, 다리가 하나뿐인 방아깨비도 잡았다. 아이에게 보여주면서 곤충 이름을 알려주고 다시 놓아주었다. 집에 돌아오면 자연관찰 전집의 잠자리와 방아깨비를 읽어주는 것까지가 그날의 육아다. 아이는 숲에 갈 때마다 아는 곤충이 늘어나고, 꽃 이름을 알게 된다. 할 수 있는 것도 늘어난다. 나는 집에서 "안 돼, 뛰지 마!"라며 소리만 지르는 엄마였는데, 숲에서는 "해 봐, 할 수 있어!" 용기와 응원을 북돋아 주는 엄마가 된다. 이것만으로도 아이와 숲에 가야 하는 이유는 충분하다.

유아 숲 체험원 맞은 편에 좁은 개울이 흐르고 있었다. 숲에서도 한참 놀았는데 물을 보니 또 놀고 싶은 규리였다. 날이 더우니 발이라도 담그게 해주자 싶어서 신발, 양말 벗기고 놀았다. 물이 얕아서 생물이 있지는 않았지만, 손과 발에 물이 닿는 것만으로 즐거웠다.

"웬만한 키즈카페보다 낫네."

남편의 말이다. 입이 마르고 닳도록 유아 숲 체험 원을 찬양하는 나의 등쌀에 못 이기고 따라나선 터였다. 막상 가서 보니 덥긴 하지만 남편이 보기에도 괜찮았나 보다. 숲에 사는 곤충들 관찰하는데 1시간, 숲 놀이터에서 1시간, 숲 체험 원에 가면 2시간은 거뜬했다. 일반 키즈카페의 입장료도 2시간 단위로 산출되는데, 숲 체험 원은 무료니 부담도 없다. 여러모로 키즈카페보다는 유아 숲이 나은 것이다. 만약 일주일에 2시간 정도를 아이에게 쓸 수 있다면, 나는 이왕이면 자연에서 아이와 추억을 만드는 데 그 시간을 쓰고 싶다.

모든 자연물이 친구가 되어주는 가을의 숲

숲에서는 계절이 천천히 흐른다. 우리가 느낄 때의 계절은 봄가을이 짧고 여름과 겨울이 길지만, 숲에 가보면 사계절이 확연하게 드러난다. 아이 손을 잡고 유아 숲 체험 원에 갔다가 땅바닥에 누가 파먹은 잣 방울이 떨어져 있는 것을 보고 '아, 가을이구나' 했다. 숲에서는 다람쥐와 청설모가 벌써 겨울을 준비하는 거였다. 여전히 덥지만 시원한 바람이 분다. 여름내 극성을 부리던 모기도 자취를 감추었다. 모기 입이 돌아간다는 계절이 온 거다. 아이와 숲 체험을 하기에 더없이 좋은 계절, 가을이다.

경기도 용인에 있는 금어리 잣나무 유아 숲 체험 원에서 잣 방울을 처음 만났다. 규리는 3살 인생 처음 잣 방울을 봤겠지만, 나도 잣 방울은 처음이었다. 솔방울은 많이 봤지만, 잣 방울은 또 뭔가. 잣 방울은 잣나무 열매를 말하는 거였다. 솔방울처럼 생겼지만, 솔방울보다 크기가 크고 길쭉했다. 그리고 송진 냄새가 아주 강하게 났다. 집에 가져다 놓으면 자연 그대로 숲의 향을 간직한 방향제가 될 것 같았다. 밤송이 까듯이 양발에 힘을 주어 잣 방울을 열어봤다. 잣 방울 한 개에 잣이 50개도 넘게 들어있었다. 딱딱한 껍데기 안에 잣이 들어있는데, 껍질을 하나하나 일일이 벗겨야 우리가 아는 노란 잣이 나온다. 아, 이래서 잣이 비쌀 수밖에 없구나. 아이 덕분에 또 하나 알아간다.

산속으로 더 깊이 들어가니 힐링 숲 표지판이 나왔다. 입구에서 멀지는 않는데 경사가 심한 편이었고 아이를 동반하다 보니 아이의 속도에 맞추게 되었다. 성인의 걸음으로는 여기까지 15분이면 올 것 같은데, 오면서 잣 방울 설명도 해주고 잣도 까고 사진도 찍고 하니 40분 넘게 걸렸다. 오래 걸리면 뭐 어떤가. 나는 아이를 낳고 키우면서 빨리 가면 놓칠 수 있는 것들을 천천히 가면서 자세히 들여다볼 수도 있다고 생각하게 되었다. 이렇게 밖에 나왔을 땐 재촉하지 말고, 아이가 관심을 가지는 것, 또는 충분히 뭔가를 관찰하거나 놀 수 있는 시간을 줄 것.

힐링 숲 주변은 산속이라서 잣나무도 울창하고 키가 컸다. 잣나무 유아 숲 체험 원의 대피소가 있었고 숲속 움막이 있어서 숲을 느껴보기엔 좋았다. 숲이 울창하니 공기도 무척 좋았는데 오후 2시여도 음산한 느낌이 들 정도로 어두웠다. 숲속에 사는 야생 동물이라도 만나면 어쩌지 싶었다.

힐링 숲에서 산을 더 올라가면 탐험 숲 놀이마당이 나온다. 여기가 그동안 다녔던 유아 숲 체험 원의 모습과 가장 비슷했다. 스파이더맨 놀이, 밧줄 놀이, 그네 등의 놀이 시설이 숲을 즐길 수 있게 해준다. 밧줄에 매달려 놀던 규리가 무슨 소리가 나니 한 곳을 응시했다. 그쪽을 보니 청설모가 바쁘게 움직이고 있었다. 이 나무 저 나무 옮겨 다니며 잣 방울을 떨어뜨려 놓고 다시 땅으로 내려와 잣을 까는 것 같았다. 숲에서 나온 열매(밤, 도토리, 잣 등)를 채취하면 다람쥐와 청설모를 비롯한 숲속 동물들이 굶을 수도 있다. 그러니 가을에는 숲 체험할 때 열매를 주워 보았더라도 숲속 동물들에게 양보하는 게 좋겠다.

소꿉놀이 어디까지 해봤니?

아이들 소꿉놀이 참 좋아한다. 규리도 예외는 아니었다. 집에 국민 주방놀이를 들였고, 소꿉놀이는 돌 지나서부터 세 돌까지도 너무 잘 가지고 노는 장난감이다. 과일과 채소 이름 놀면서 익히라고 사줬던 과일 자르기는 주방놀이와 한 세트가 되었다. 과일 모형을 접시에 담아오고 쿠키와 커피를 내온다. 카페 주인이 따로 없다.

그런데 플라스틱 장난감으로 하는 소꿉놀이는 한계가 있다. 사과는 사과이고, 접시는 접시일 뿐이고, 칼은 칼밖에 될 수 없다. 모양이 일정해서 다른 것으로 대체 될 수 없다는 이야기이다.

숲에서는 어떨까? 수확의 계절인 가을에 숲에 가면 볼거리, 놀 거리가 풍부하다. 툭툭 뭔가 떨어지는 소리가 나서 보면 도토리이고 밤이다. 이미 떨어져 있는 것들을 보물찾기하듯이 주워 모으는 재미도 상당하다. 바닥에 떨어진 나뭇잎을 주웠다. 나뭇잎은 접시도 되었다가 쟁반도 되었다가 상추가 되기도 한다. 때에 따라 돈이 되기도 한다. 도토리 깍쟁이도 마찬가지. 보랏빛 좀작살나무 열매를 담는 그릇도 되었다가 나뭇가지를 꽂으면 숟가락이 되기도 한다. 모래놀이터가 근처에 있다면 모래도 좋은 소꿉놀이 재료가 된다. 숲에서 자연물로 하는 소꿉놀이는 한계가 없는 셈이다. 자연물은 아이가 말하는 대로 무엇이든 될 수 있다.

2020년 코로나 때문에 여름휴가를 미루고 미뤄서 9월 말에 다녀왔다. 코로나 때문에 해외여행을 가지 못하니 전라남도 목포와 광주에 일주일 가량 묵었다. 당시에 전라도는 사회적 거리 두기 1단계였지만 사람이 없는 곳으로 가기 위해 유아 숲 체험원 투어를 했다. 여행 가서도 아이와 놀아주기 좋은 곳은 유아 숲 체험원이라는 생각이었다.

무안의 대죽도는 대나무가 많아서 붙여진 이름이었다. 대죽도 유아 숲 체험 원은 산을 하나 넘어야 하는 코스로 규모가 큰 유아 숲이었다. 조금 올라 가보니 목재로 만든 놀이터가 있었다. 미끄럼틀이 있고, 그물 타기, 흔들다리 건너기, 나무 오르기, 나무 그늘 쉼터 등이 일반 놀이터를 연상케 했는데 숲속에 있는 놀이터였다. 커다란 나무 덕분에 놀이대에 그늘이 지고 약간 어두침침한 분위기였다. 바닥은 모래로 되어 있어서 아이들이 많았다.

대 숲을 좀 더 올라가면 자연체험마당이 나온다. 여기는 숲 체험을 위한 곳이었다. 곤충 아파트도 있고, 나무로 만든 물길이 있어서 나뭇잎을 띄워 볼 수 있었다. 보물찾기라 하여 숲속에 있는 상수리, 밤, 도토리 등을 찾아보는 것도 있었다.

자연체험마당을 지나면 정말 등산 같은 느낌이 든다. 대나무 정글에서는 숲속에 우리만의 아지트를 만드는 거였는데 대나무로 만들어 놓은 인디언 집과 대나무 실로폰이 있었다. 이건 다른 곳에서도 많이 해본 것이니 그냥 지나쳤다. 그다음에 나오는 모험의 언덕은 모험심을 기를 수 있는 곳이었다. 산 중턱까지 와야 모험의 언덕이 있어서 접근성은 매우 떨어지는데 사면 오르기, 밧줄 타기, 잔디 미끄럼틀 등이 재미있어 보였다. 모험의 언덕은 숲 체험을 할 때만 오픈한다고 운영하지 않고 있었는데 5세 이상은 되어야 할 수 있을 것 같다는 생각이 들었다.

정상에 오르면 하늘 마당이 있다. 여기서는 나무 블록으로 놀 수도 있고 바람개비도 만들어 보고 바람을 느껴보는 곳이었다. 여유를 가지고 하나하나 경험하면서 산을 넘었더니 시간이 2시간 정도 걸렸다.

산을 다 내려와서 평지인 숲속 잔디마당에서 자연물로 소꿉놀이를 했다. 도토리 깍쟁이를 주워 그릇을 만들고 핑크빛 개여뀌와 이름 모를 빨간 열매를 놓았더니 그럴싸했다. 규리는 내가 소꿉놀이하는 것을 지켜

보더니 주워 모은 도토리와 밤, 솔방울로 장식을 했다. 커다란 내 손보다 규리의 고사리손이 작은 열매와 그릇에 더 잘 어울렸다. 자연물로 소꿉놀이를 하고 나서는 치우지 않고 놀던 그대로 놓아두고 온다. 누군가 발견하면 소꿉놀이를 이어가도 좋고, 다람쥐나 동물들이 발견하면 먹이로 주워가겠지.

대죽도 유아 숲 체험 원뿐 아니라 다른 곳에서도 가을엔 충분히 자연물 소꿉놀이를 즐길 수 있다. 아이와 신나게 소꿉놀이할 동심만 있으면 된다. 자연물로 하는 소꿉놀이의 아이디어는 인스타그램을 비롯한 사진 위주의 SNS나 숲 놀이 주제의 책에서 얻었다. 만약 아이가 소꿉놀이를 좋아하지 않는다 해도 상관없다. 유아 숲 체험 원에는 활동적인 아이들이 즐겁게 놀 수 있는 놀이 시설도 많이 있으니.

딱따구리와 은행잎 부케

가을이 무르익는 11월의 숲은 분주하다. 빨갛게 물든 단풍잎과 노란 은행잎들이 우수수 떨어지면서 진풍경을 만들고, 청설모와 다람쥐들은 겨울 준비를 하느라 더더욱 바쁘게 움직인다. 3살 규리의 손을 잡고 낙엽이 쌓인 유아 숲 체험 원을 걷는데, 발에 치이는 낙엽의 바스락바스락 소리마저 흥겨웠다. 진한 가을이었다.

빨간 단풍이 아름다움을 넘어서 황홀하게 느껴지는 숲이었다. 건물만

빽빽할 것 같은 서울 한가운데 위치한 서울 선우 공원 유아 숲 체험 원의 이야기이다. 이렇게 예쁜데 굳이 멀리 단풍놀이 갈 필요가 없지. 사랑하는 내 아이와 가을의 숲, 그것만으로도 나의 행복을 채우기에는 충분했다.

선우 공원 유아 숲 체험 원에도 대근육을 기를만한 놀이대는 많이 있다. 밧줄 잡고 오르기, 나무다리 건너기, 나무 암벽 타기, 트리 하우스까지 유아 숲 체험 원을 한 바퀴 돌고 나면 저절로 체력 단련이 될 터였다. 게다가 이곳에는 아이들이 좋아할 만한 동물 모형들이 있어서 눈길을 끈다. 나무로 꿀벌, 돼지, 새 등을 만들고 색을 칠해 놓아서 숲속 동물원처럼 만들어 놓았다. 바닥에 붙어 있는 거미 모형도 아이가 무척 좋아했다.

유아 숲 체험 원에 있는 놀이 시설로 노는 것도 좋지만 자연물로 노는 방법도 생각했다. 가을이라서 더 놀 거리가 많다. 아이가 아직 색깔을 잘 모를 때여서 빨강, 주황, 노랑 낙엽을 주워서 색깔을 알려주었다. 그런데 빨강이 100% 빨강이 아니고, 주황이 완전한 주황이 아니고, 노랑도 다 같은 노랑이 아닌 그냥 자연 그 자체의 색이었다. 어디까지가 빨강이고 어디까지가 노랑인지, 아이에게 어떻게 설명해야 할까. 색깔도 연속성이 있다는 것을 이해하려면 얼마나 더 많은 숲에서 가을을 보낸 후일까.

노란 은행잎이 카펫처럼 깔려있던 것을 주워 모아 은행잎 부케를 만들었다. 부채꼴처럼 생긴 은행잎을 모아서 손에 쥐면 부케처럼 된다. 마른

풀대로 묶어주면 좋겠지만 고정이 잘 안 되어서 가방에 굴러다니던 아이 머리끈으로 묶었다. 제법 풍성하니 그럴듯했다. 아이에게 건네주니 고사리손으로 은행잎 부케를 꼭 쥐고 다녔다. 아! 그저 감탄만 나오는 가을이다.

"딱딱딱딱딱따딱따딱따−악."

이게 무슨 소리지? 하고 돌아보니 딱따구리였다. 세상에 딱따구리는 또 처음 본다. 머리와 꼬리 쪽이 빨간색이어서 눈에 띄었고 검은색과 흰색 깃털이 번갈아 있어서 예쁘다고 생각했다. 나무에 구멍을 내는 부리는 뾰족해서 무서웠지만 말이다. 삼십 대 중반, 많지 않은 나이지만 내 나이에 겪을 것들을 차례대로 다 겪었다 생각했는데 처음 하는 게 왜 이렇게 많은지. 숲에서는 나도 아이처럼 생경한 경험들뿐이다. 딱따구리를 한창 쳐다보고 있는데 이번에는 청설모 두 마리가 나무를 오르락내리락했다. 겨우내 먹을 먹이를 모으느라 그렇게 분주한 것일까. 청설모야 숲에서 흔하게 볼 수 있는 건데, 그래도 볼 때마다 놓치기 싫어서 눈이 계속 청설모를 뒤쫓는다.

겨울의 숲

인스타그램에서 얼음으로 뒤덮인 사진을 보았다. 새하얀 얼음으로 가득한 그곳엔 코로나바이러스도 없는 것처럼 보였다. 가고 싶어 검색을 해보니 청양에 있는 알프스 마을이었다. 코로나 신규 확진자가 하루 1000명을 넘어섰고, 생활 속 거리 두기 2.5단계였는데도 사람이 몰렸다. 나는 코로나 종식 후에 알프스 마을에 가기로 마음을 굳혔다.

청양 알프스 마을 대신에 찾은 곳은 대전에 있는 상소동 산림욕장이었다. 산림욕장 옆에 상소 유아 숲 체험 원이 있어서 아이들이 놀기에 너무 좋았다. 상소동 산림욕장에는 얼음으로 만든 일명 '얼음벽'이 존재했다. 규모는 알프스 마을보다 훨씬 작았지만, 한겨울 분위기를 느끼기에는 제격이었다. 4살 아이에게는 이곳의 얼음벽이나 저곳의 얼음벽이나 큰 차이가 없을 거로 생각했다. 규리 손을 잡고 얼음벽을 따라서 쭉 걸었다. 얼음에 미끄러지기도 했지만 뭐 어떤가. 얼음은 원래 미끄럽다.

몇몇 아이들은 플라스틱 썰매를 가져와 여기서 썰매를 탔다. 부모님들이 끌어주는 것이 대부분이었다. 얼음썰매장 찾을 필요 없이 상소동 산림욕장에서 타는 것도 괜찮은 것 같다. 얼음벽 옆에 오토 캠핑장이 있어서 캠핑할 수 있는 분들은 더 좋겠다.

겨울왕국 같았던 길을 걷고 나서 본격적으로 유아 숲 체험을 하러 갔다. 상소 유아 숲 체험 원은 나의 취향이었다. 전국 100여 곳의 유아 숲 체험 원에 가보았지만, 미로가 있는 곳은 많지 않은데, 이곳엔 미로가 있어서 아이들이 시간 가는 줄 모르고 논다. 길 못 찾는 규리도 미로를 3번 왕복했다. 자연미로는 아니지만 그래서 진짜 미로처럼 길을 잃기 쉬웠다. 30분이 훌쩍 지났다. 미로는 정말 엄청난 육아 도우미다.

그 옆엔 토끼와 닭을 키우는 사육장이 있어서 아이들의 관심을 끌었다. 가끔 돈을 주고 작은 동물들 먹이 주기를 하러 가보면 관리가 잘 안되어 있어 토끼 눈이나 귀가 다쳐있는 때도 있는데 여기는 관리가 잘 되어 있었다. 먹이 주기는 못해도 괜찮다. 그냥 보기만 해도 된다. 아이들에게는 토끼와 닭이 자연이다. 토끼와 닭을 물끄러미 보고 있는데 초등학생 아이가 와서 상추를 나눠주었다. 이곳에 여러 번 와본 아이 같았다. 익숙하게 토끼에게 먹이를 주더니 본격적으로 놀러 뛰어갔다.

유아 숲 체험원 근처에 돌로 쌓은 거대한 돌탑들이 있어서 굉장히 이

국적인 분위기를 풍겼다. 이 돌탑들은 대전에 사시는 할아버지가 혼자서 쌓아 올렸다고 했다. 돌탑에는 소원이 깃들어 있는데 할아버지는 대전 시민들의 건강을 기원하며 돌탑을 쌓았다고 한다. 나는 아이와 숲에 갔을 뿐인데, 코로나 때문에 가지 못했던 해외여행을 간 기분이 들었다. 이 돌탑들은 인생 사진 명소로 유명하다.

유아 숲 체험원 규모 자체는 그렇게 큰 편이 아니다. 입구에서부터 눈에 띄었던 건 길고 긴 짚라인이었다. 어린이들과 부모들이 줄을 서서 짚라인 차례를 기다렸다. 줄이 길어서 짚라인은 건너뛰고 나무 그늘 침대에서 놀았다. 그물망 건너기는 인기가 없었는데 규리는 왔다 갔다 하면서 좋아했다. 나무로 만들어 놓은 놀이 시설들 옆에 우물처럼 생긴 커다란 물놀이장이 있었다. 여름에는 물을 받아 아이들이 놀 수 있게 만든 것 같았다. 내가 상소 유아 숲에 간 것이 한겨울이라서 물놀이는 할 수 없었지만, 겨울왕국 같은 얼음벽을 보았으니 이곳은 여름도 겨울도 모두 좋은 유아 숲 체험원이다.

부모님과 함께 유아 숲을 찾은 아이들의 얼굴에 웃음꽃이 피었다. 물론 모두 마스크를 썼지만, 마스크 위로 미소가 보이는 것 같았다.

가볼 만한 유아 숲 체험원 리스트

서울 월드컵공원 유아 숲 체험원

서울 삼청공원 유아 숲 체험원

세종시 파랑새 유아 숲 체험원

평택 부락산 유아 숲 체험장

화성 향남 상신 도시 숲 웃음 만발 놀이 숲 모험놀이동산

대구 앞산 고산골 유아 숲 체험원

양산 디자인공원 가촌 유아 숲 체험원

대전 상소 유아 숲 체험원

군포 초막골 생태공원 유아 숲 체험원

전북 정읍사 문화공원 상상 유아 숲 체험원

PART 4.
놀이터에서 아이 키우기

요즘 놀이터에 없는 것

전라남도 순천에는 기적의 놀이터가 있다. 2021년 여름휴가 때 순천 여행을 다녀왔는데 기적의 놀이터 1호부터 7호까지 모두 가서 놀았다. 그때만 해도 어떤 생각이 있어서 놀이터 여행을 한 것은 아니었다. 아이와 함께 여행을 다니면서 아무래도 아이가 좋아할 만한 곳들로 여행 일정을 계획한 것뿐이었다.

기적의 놀이터는 다소 실망스러웠다. 예상과는 달랐던 비주얼 때문이었다. 이름만 들어서는 아이들이 부모를 찾지 않고 스스로 노는 기적을 보여주는 놀이터라고 예상했다. 그런데 직접 가서 본 기적의 놀이터는 모래, 언덕, 동굴, 미끄럼틀 이게 끝이었다. 일반 놀이터에서 흔히 볼 수 있는 시소와 그네가 없었다.

요즘 아파트 단지에 생기는 놀이터들은 화려하기가 이루 말할 수 없다. 놀이터들을 보고 있으면 서로 이 아파트 놀이터가 좋다고 자랑이라도 하는 듯하다. 아파트 건축사들이 '우리는 아이들을 이만큼 생각합니다'하고 보여주는 것이다. 문제는 여기에서 발생한다. 놀이 시설이 화려한 겉모습에 비해 실속이 없다는 것, 재미가 없다는 것이다. 더는 놀이 시설로는 놀지 않으려고 한다. 정작 아이들이 재미있게 노는 것은 또래가 있어서 '얼음 땡'이나 '숨바꼭질' 같은, 놀이 시설이 필요하지 않은 놀이를 할 때다. 또래와 놀이를 할 수 없는 아가들이 놀기에는 미끄럼틀이 너무 높고 길다. 놀이대의 징검다리는 간격이 너무 넓고, 그네는 위험하다. 시소 정도가 아가들이 놀 수 있는 놀이 시설이다.

새로 생기는 놀이터들은 왜 그런지 바닥을 전부 우레탄으로 만든다. 넘어졌을 때 무르팍이 까지거나, 높은 놀이대에서 떨어지더라도 크게 다치는 것을 방지하기 위함일까. 우레탄이 바닥을 덮고 있는 놀이터에는 모래가 없다. 놀이터에 모래가 없는데 수도가 있을 리 없다. 모래와 물만 있어도 아이들은 한참 놀고도 내일 또 놀 수 있는데 모래와 물이 함께 있는 놀이터는 찾아보기 힘들다. 모래와 물도 없지만, 주변을 둘러봐도 놀 거리가 없다. 심지어 같이 놀 또래도 없다.

기적의 놀이터엔 별 것 없었지만 아이들이 노는 데 필요한 것은 다 있는 셈이었다. 모래와 수도가 있었고, 땅속을 통과하는 미끄럼틀이 있었다. 숨바꼭질할 때 좋은 언덕과 동굴도 있었다. 커다란 나무가 있어서 열매와 낙엽, 곤충도 있었고 모래 위에는 색색의 작은 돌멩이들이 있어서 소꿉놀이하기에도 좋았다. '아, 이런 게 기적이라는 거구나.' 어린이의 관점에서 재미있게 놀 수 있는 재료들이 널려있는 놀이터. 놀이가 무궁무진하게 나올 수 있는 터. 그게 기적의 놀이터였다.

그런데 기적의 놀이터도 1호부터 7호까지 만들어지면서 성격이 좀 바뀐 것 같다. 1호와 2호 놀이터는 '기적의 놀이터답다.'라는 생각이었다. 모래와 물, 언덕, 동굴이 있고 커다란 나무도 있다. 3호 놀이터부터 규모가 큰 놀이 시설이 등장한다 싶더니 4호 놀이터에는 넓은 미끄럼틀이 있었다. 4호 놀이터는 산 입구에 있어서 바로 옆에 작은 개울이 있고, 조금 걸으면 유아 숲 체험 원이 있다. 그래서 괜찮았다. 5호와 6호 놀이터는 아파트 단지 내에 있었다. 그러면서 그네와 짚라인이 보였다. 기적의 놀이터와 일반 놀이터를 적절히 섞었다는 생각이 들었다. 마지막 7호 놀이터는 요즘 유행인 노란색 그물 놀이대가 있었고, 트램펄린과 짚라인이 있었다. 기적의 놀이터 상징인 언덕과 동굴은 어디론가 숨어버린 느낌이었다. 7호 놀이터의 매력은 순천 기적의 도서관 바로 옆에 있어서 놀다가 도서관 가서 책 읽다가 또 놀러 나와도 된다는 것이었다.

8호 놀이터는 아직 공사 중인 걸로 아는데, 기적의 놀이터 모습을 얼마나 유지할지 벌써 기대가 된다.

함께여서 좋았던 나의 어린 시절의 놀이터

내가 어렸을 때는 눈만 뜨면 놀이터에 가서 점심 먹으러 집에 왔다가 다시 나가서 해질 때까지 놀았다. 놀이터에서 매일 동네 언니, 오빠, 동생들과 어울려 놀았다. 초등학교에 다니게 되면 학교 갔다 와서 집에 가방을 던져놓고 놀이터에서 동네 또래들과 노는 게 일상이었다. 너무 많이 놀아서 지금도 눈 감으면 훤히 그려지는 그 놀이터엔 별것 없었다. 미끄럼틀 2개와 놀이대, 시소, 그네, 정글짐이 전부였다. 그리고 바닥은 전부 흙으로 되어 있었다.

어렸던 나는 미끄럼틀 타고 내려오면 처음 밟게 되는 땅에 커다랗게 구멍을 팠다. 집에서 신문지를 가져와서 신문 한 장을 구멍 위에 덮고 잘 마른 흙을 살살 뿌려 구멍이 없는 것처럼 위장했다. 아무것도 모르는 친구들이 와서 미끄럼틀을 타고 내려온 후에 구덩이에 빠지면 그게 그렇게 재미있었다. 그때의 쾌감이란. 알고도 구덩이에 빠지는 아이들도 더러 있었다. 알고 구덩이에 빠지는 것은 누군가 만들어 놓은 함정을 부수는 재미 때문이었다. 내가 힘들게 판 함정에 아무도 빠지지 않으면 그것도 속상한 일이다. 어떨 때는 시소 옆에 파기도 했고 정글짐 아래에 파기도 했다. 누군가 한 명이라도 빠지기를 바라면서.

친구들이 모이면 '얼음 땡'도 자주 했다. 내가 달리기를 잘하는 편이어서 술래가 되어도 즐거웠고 술래가 아니어도 즐거웠다. 술래가 되면 모두 '얼음'이 되어 다시 그들끼리 술래를 정했고 술래가 아니면 얼음 상태인 아이들을 땅하러 다닌다고 바빴다. 매일 흙에 함정을 파고 매일 얼음 땅을 해도 재미있었다. 말 그대로 시간 가는 줄 모르고 놀았다. 나의 어린 시절은 놀이터가 전부라 해도 과언이 아니다.

놀이터는 아파트 단지 내에 있었다. 아파트 동과 동 사이 공터엔 나무와 잔디가 있었는데 가을에는 거기에 들어가 낙엽으로 집을 만들고 소꿉놀이를 하기도 했다. 놀이터가 재미없는 날이면 '데덴치'로 팀을 이뤄 다른 단지까지 탐험을 떠났다. 내가 1단지에 살았는데 2단지 몇 동 앞에 돌멩이 놓고 오기 같은 놀이였다. 다시 놀이터에 아이들이 모이면 다 같이 2단지 돌멩이 놓은 곳에 확인하러 가는 거였다. 언젠가는 혼자서 길을 잃고 3단지까지 가게 되어 울었던 기억도 난다.

한 번은 동네 놀이터에 새 얼굴이 등장했다. 이사를 온 남매였다. 한껏 경계 상태로 따로 놀다가 미끄럼틀에서 부딪히고 말았다. 남매 중에 동생이 미끄럼틀을 타다가 내가 판 함정에 빠진 거였다. 남매의 누이가 나보다 한 살이 많았고 키도 컸다. 누가 이런 구덩이를 팠냐고 하다가 싸움이 붙었다. 내 머리에 흙을 던졌고 눈에도 흙이 들어갔다. 눈에 흙이 들어가니 뵈는 게 없어서 나에게 흙을 던진 그 언니의 팔을 물었다. 자존심 싸움이었다.

'네가 뭔데 내가 판 구덩이를 뭐라고 하고, 나한테 흙을 던져?' 말하고 싶었지만, 말을 할 수 없었다. 한번 물은 걸 놓지 않고 계속 물고 있어서였다. 그 언니가 내 머리끄덩이를 잡고 꼬집었던 것 같다. 점점 더 세게

127

무니 그 언니는 아파하며 결국 울음을 터뜨렸다. 남매의 동생이 집에 가서 엄마를 데리고 왔다. 그때까지도 팔을 물고 있다가 그제야 놔주었다. 그 언니 팔에는 피멍이 이빨 모양대로 들었고, 나는 머리가 산발에 눈은 흙이 들어가서 빨갛고 팔에 손톱자국이 났다. 그래도 언니를 물면 되니. 그럼 저한테 흙 던지는 건 돼요? 대들며 울었다. 서로의 몸에 상처를 진하게 냈던 그 둘은 다음 날부터 친해져서 집에도 놀러 가는 절절한 사이가 되었다.

지금 생각해보면 장난감 하나 없이도 동네 친구들과 재미있게 놀았다. 놀이터가 지금처럼 화려하지 않아도 즐거웠다. 약속이나 한 듯이 매일 놀이터에 모였고, 기다려도 누가 오지 않으면 집 앞에 가서 '누구야 놀자.' 합창했다. 그 집 누가 숙제를 하느라고 못 나오고 있으면 아주머니가 나오셔서 간식 먹으라고 과일을 주셨다. 아파서 못 나오면 얼른 나아서 같이 놀자고 했다. 같이 노는 게 더 재미있음을 이미 어렸을 때 깨달았다.

30년이 지난 지금, 놀이터는 더 재미있어 보이지만 나 때만큼의 끈끈한 놀이터 결속력은 사라진 것 같다.

우리 집 앞 놀이터에서

놀이터 이야기를 하려면 우리 집 앞의 놀이터 이야기를 빼놓을 수가 없다. 가장 많이 가봤고 아무 때나 갈 수 있고 아무것도 하지 않아도 그저 즐거운 놀이터. 그래서 지인들이 괜찮은 놀이터를 추천해 달라고 하면 집 앞 놀이터부터 가라고 했다. 너무 자주 가서 시시할 것 같은 집 앞 놀이터는 누구와 언제 가느냐에 따라 삼삼한 재미를 주었다.

한 번은 눈이 많이 쌓였던 1월에 가정보육 친구와 집 앞 놀이터에서 만났다. 규리 발목 높이까지 눈이 쌓여서 놀이터의 놀이 시설에도 눈이 가득했다. 두꺼운 겨울 외투를 입히고 방수가 되는 스키 바지와 겨울 털장화까지 신겨 놓으니 눈사람을 만들 필요가 없었다. 아이들은 눈밭을 구르며 깔깔깔 웃었다. 눈을 적당히 뭉쳐서 아이들에게 던졌다.

"눈싸움은 이렇게 하는 거야."

눈싸움을 안 해봤으니 못 하는 게 당연한데 놀리는 게 너무 재미있었다. 제 딴에는 열심히 눈을 뭉쳐서 던져도 내가 쏙쏙 피하니 억울했던 모양이다.

"나 안 해!! 흥!"

삐지면서 다른 데로 가다가 눈 위에서 미끄러졌다. 그리 아프지도 않을 것 같은데 서러워서 엉엉 운다. 귀엽고 예뻐서 어떡하지.

아이들에게 잘난 척을 하면서 한바탕 놀고 나니 힘이 빠졌다. 눈 위로 벌렁 누웠더니 아이가 따라 누웠다. 주인공이 눈 위에 눕는 장면이 등장하는 영화 '러브스토리' 한 장면 같았다.

더운 여름, 규리 친구네 집 앞 놀이터에 놀러 갔던 것도 기억한다. 그곳은 보기 힘든 모래놀이터였다. 서로 가지고 온 모래 놀이 장난감을 쏟아놓으니 소꿉놀이를 할 수 있을 정도가 되었다. 아이스 음료를 먹고 난 테이크아웃 컵을 몇 개 모았다. 거기에 모래를 담기만 해도 카페 놀이가 가능했다. 놀이터 주변에서 떨어진 열매와 솔방울, 나뭇가지를 줍고 클로버나 풀을 따다가 장식을 했다. 휴양지에서 볼법한 과일 장식을 했고 작은 돌멩이를 초콜릿처럼 얹어놓았다. 조금의 상상력을 발휘하면 이곳이 휴양지였다.

"이거 모히토 얼마예요? 한 잔 주세요."

"이천 원입니다."

"이천 원이요? 여기 무척 싸네요. 과즙 아니고 시럽을 넣었나 봐요. 두 잔 더 주세요. 전 모히토를 좋아하거든요. 얼음도 가득 주세요."

라임모히토처럼 만들어 놓았던 모래 음료를 집어서 가격을 물으면 뭐든 이천 원이다. 모래놀이터에서는 역할놀이까지 가능해서 더 재미가 있다. 카페 놀이를 하다가 내가 주인이 되면 챙겨왔던 간식인 과일 주스를 꺼내어 이천 원이라며 내어놓는다. 자신은 이천 원이 없다면서 또 입을 삐죽삐죽.

"예쁜 내 딸이니까 무료로 드릴게요. 친구도 하나 주세요."

아이들을 놀리는 건 왜 이렇게 재미있는지 모른다. 같이 놀던 친구와 서로 간식도 나눠 먹는다. 다 먹고는 그네도 서로 밀어주고, 미끄럼틀도 같이 탄다. 좁은 미끄럼틀을 앞뒤로 타는 게 아니고 옆으로 둘이 탄다.

아무리 아이들이지만 미끄럼틀 폭이 둘이 타기엔 좁다. 그래서 미끄러지지 않고 미끄럼틀에 둘이 껴서 엄마를 찾는다. 엄마들은 왜 미끄럼틀을 그렇게 타냐며 포복절도. 아이들의 창의력은 실로 어마어마하다. 규칙이 있는 놀이는 아직 하지 못하지만, 친구와 함께 있기만 해도 즐겁다.

너무 신이 났던 나머지 쉬 마렵다고 말하는 것을 잊었다. 기저귀를 떼던 중이라서 기저귀를 안 입히고 팬티만 입혔는데 바지에 쉬를 했다. 그것도 친구랑 똑같이 쉬를 해서 둘 다 바지가 젖었다. 어쩜 그런 것도 똑같이 그럴까. 집 앞 놀이터이니 아이들 씻기러 가야 해서 일어섰다. 다른 때는 몰라도 기저귀를 뗄 때는 집 근처에서 노는 게 좋은 것 같다.

모래 놀이를 돈 주고 하는 세상

"엄마 모래 놀이 하고 싶어요."

"뭐 만들고 싶은데?"

"모래성도 만들고, 두꺼비집도 하고요."

죽은 사람 소원도 들어준다는데, 눈에 넣어도 안 아플 아이가 모래 놀이가 하고 싶단다. 그래 오늘은 모래 놀이를 해야지, 뭘 하고 싶은지 명확하게 말하는데 못할 건 또 뭐냐. 생각은 그러한데 한숨부터 쉬게 된다.

모래 놀이는 엄마가 힘들다. 아이를 낳기 전에는 나도 깔끔한 것을 좋아했다. 아무것도 없는 하얀 공간이 주는 위로 때문에 미니멀 라이프를 꿈꿨다. 모래 놀이가 싫은 이유는 여기서 기인한다. 모래놀이를 하면 아이 옷이나 신발에서 모래가 한 바가지씩 나온다. 심할 때는 속옷에서도 모래가 나오고 머리에도 모래가 묻어서 모래 놀이를 하자고 하면 마음을 단단히 먹어야 한다. 집에 돌아오자마자 목욕을 시켜야 하고 옷은 털어서 빨아야 하고, 멀리 갔을 경우 차 세차까지 해야 한다. 모래 놀이는 단순한 모래 놀이가 아니고 엄마의 중노동을 토대로 노는 것이다.

모래 놀이는 재미없다. 모래로 뭔가를 만들면 금방 부서지니까. 만들었다는 보람과 성취도 아주 잠시뿐이다. 그런데 규리는 잠시일지라도 마음대로 뭔가를 만들 수 있다는 것이 좋은 것 같다. 본인이 좋아하는 아이스크림을 만들 때도 있고, 케이크도 만들고, 사탕도 만든다. 가게를 열어 나에게는 꼭 손님을 하라고 한다. 그럼 나는 손님의 역할에 맞는 적절한 대사를 해주어야 한다. "이건 얼마예요? 너무 비싸네요. 좀 깎아주세요." 흥정은 물론이고, 너무 맛있는 맛집이라며 호들갑도 떨어야 한다. 매일 똑같은 레퍼토리인데 재미있나 보다.

재미가 없어진 나는 삽을 들고 구멍을 파서 우물을 만들거나, 수로를 만든다. 모래놀이터 근처에 수도가 있어서 물을 길어다가 부어주면 모래놀이터에서 '피리 부는 아줌마'가 된다. 내 딸 놀려고 만들어 놓은 우물과 수로에 아이들이 하나둘 모여들어 어느새 함께 놀고 있다.

규리와 손가락을 맞대고 두꺼비집도 만든다. "두껍아, 두껍아. 헌 집 줄게. 새 집 다오." 노래를 불러 가며 집을 짓는다. 흙 속에서 꼬물꼬물 움직이는 규리의 손가락이 느껴진다. 우리 둘만 존재하는 세상. 두꺼비집에서 조심스레 손을 꺼내어 굴을 만든다. 규리는 손을 꺼내다가 두꺼비집이 무너져서 울상을 짓는다. 그러다가 멀쩡했던 나머지 반도 망가뜨린다. 애써 만들어 놓은 것을 부수면서 쾌감을 느끼는 것 같다. 만드는 공에 비해 부서지는 속도는 너무 빠르다. 한동안 쭈그리고 앉아 있었더니 허리만 아프다. 아니다. 규리가 깔깔깔 웃었으니 기억할 추억도 한 움큼 생겼겠지.

모래 놀이를 하려면 모래로 된 놀이터를 찾는 것이 어렵다. 요즘에는 놀이터를 지을 때 관리가 어렵다는 이유로, 혹은 아이들의 부상 방지 이유로 우레탄 재질로 놀이터 바닥을 만든다. 폐타이어에 색을 입히고 접착제를 사용하여 놀이터 바닥을 만들면 고온에 취약하다는 단점이 있다. 놀이터야말로 직사광선과 자외선을 제대로 받는 곳인데 아이들에게 위험한 화학물질이 발생할 수도 있지 않을까.

그래서 모래 놀이를 하려면 일단 모래놀이터를 찾아야 한다. 보통은 걸어갈 거리가 아닌 경우가 많아서 차량을 이용해야 한다. 그만큼 모래놀이터를 찾기가 어렵다. 집 근처에는 모래놀이터 대신에 실내에서 흙놀이를 할 수 있는 키즈카페가 생겼다. 장난감매장에서는 옷과 손에 묻지 않는 모래를 판매하고 모래 놀이 정리함을 함께 판매한다. 모래 놀이를 돈 주고 해야 하는 시대가 된 것이다.

운 좋게 집 가까운 곳에 모래놀이터가 있어도 불안함은 여전하다. 모래의 청결 상태가 좋지 않은 경우다. 반려견, 반려묘가 산책하면서 모래에 소변을 보는 일이 있다. 규리가 놀고 있는 모래놀이터 바로 옆에서 쥐의 사체를 본 적도 있다! 모래의 청결도 청결이지만 그때의 뜨악한 기분이란. 혹시나 규리가 보고 울까 봐 길을 돌아서 집에 가기도 했다. 구강기에 있는 아기들은 뭐든 입으로 가져가는 것이 특징이다. 모래놀이터에서도 예외는 아니다. 해맑게 웃으며 모래를 집어 입으로 가져간다. 면역력이 약한 아기들 입에 청결하지 않은 모래가 닿지 않았으면 좋겠다. 모래 놀이를 하고 나서는 반드시 손도 깨끗이 씻기를 바란다.

그 많던 아이들은 어디로 갔을까?

놀이터에 아이들이 없다. 가정보육을 하면서 또래 아이들 만나기가 힘이 들어 또래를 만나게 해주려고 놀이터에 매일 가봤지만, 아이들이 없었다. 대체 아이들은 다 어디로 간 것일까?

코로나바이러스 때문이 아닐까? 난데없는 전염병 때문에 사람이 사람을 피해야 했다. 사회적 거리 두기 때문에 꼭 필요한 외출을 제외하고 밖에 나가지 않는 생활을 2년 넘게 지속하였다. 나는 그때도 아이를 안 놀릴 수는 없어서 아침 7시, 8시에 놀이터에 갔다. 정말 그 시간에는 아무도 놀이터에 없었다. 사람 구경하기가 힘들었다.

조금만 움직여도 땀이 줄줄 흐르는 30도 이상 한여름이나 너무 추워서 조금만 놀아도 코가 빨개지고 손과 발끝이 시린 영하 10도 이하의 날씨에도 놀이터엔 아이들이 없었다. 너무 덥거나 너무 추우면 야외 활동자체가 힘들어지니 이해한다. 비가 오거나 눈이 오는 등, 날씨가 궂은 날에도 역시 놀이터에는 아이들이 없었다. 괜히 잘못 나갔다가 아이가 아플 수 있다.

어린이집이나 유치원 등 기관에 가는 아이들은 끝나고 모여 놀이터에서 놀기도 했다. 보호자들이 같은 가방을 들고 있어서 알 수 있었다. 학원 끝나고 학원 가방을 들고 놀이터에 놀러 오는 아이들도 있었지만, 그 수가 그렇게 많지는 않았다.

놀이터의 주인인 아이들이 놀이터에 없는 진짜 이유는 미디어 때문이라 생각한다. 여기서 미디어는 영상, 휴대전화, 전자기기 같은 것들이다. 친구와 뛰어놀아야 할 나이의 아이들은 놀이터에 모여서 키즈폰으로 좋아하는 가수의 영상을 들여다보고 있다. 놀이터에 모여서도 휴대전화기만 보고 있으니 다른 곳에서는 어떨까 싶다.

코로나 때문에 학교와 학원, 유치원, 어린이집도 등교 중지, 등원 중지가 되었다. 그리고 온라인 수업으로, 가정보육으로 대체 되었다. TV, 컴퓨터, 태블릿, 패드 같은 전자기기에 아이들이 많이 노출되었다. 코로나 이전보다 전자기기에 대한 의존성이 높아지고 아이들도 게임을 비롯한 놀이나 학습을 전자기기로 하는 것에 익숙해졌다. 전자기기도 장단점이 있겠지만 그것 때문에 놀이터에서 아이들이 놀지 않게 된 이유도 있다고 본다.

"너 컴퓨터 게임 할래? 놀이터에서 놀래?"

"유튜브 볼래, 놀이터에서 놀래?"

이런 질문에 아이들이 어떤 대답을 할지는 생각해보지 않아도 쉽게 추측할 수 있다. 빠르고 강한 자극에 익숙해진 아이들은 놀이터가 더는 재미없어졌을 것이다. 놀이터에서 놀 때는 버튼을 눌러 소리가 나는 것도 아닐 거고, 쉽게 화면이 바뀌는 일도 없다. 게다가 몸을 많이 움직여야 하는 놀이터가 재미있을까. 미디어로는 직접 몸을 움직이지 않아도 저절로 다음 화면에서 원하는 곳으로 이동해 있는 경우가 많은데 말이다.

몸을 움직이지 않아 체력이 저하되고 수면의 질에 방해가 되는 것은 이차적인 문제라고 생각한다. 친구들과 무리 지어 뛰어놀면서 협동, 배려, 양보, 규칙 등의 사회성을 자연스럽게 터득할 것인데, 미디어가 재미있으니 친구들과 뛰어놀 일이 없어지는 게 문제이다.

가정보육 하면서 무식하고 고지식하다는 소리를 들을 만큼 미디어를 차단했다. 아이가 어릴일수록 더 그래야 한다고 생각했다. 뭔가를 해내는 데는 시간과 노력이 드는 거라는 사실을 알려주고 싶었다. 나의 아날로그 감성도 한몫했고. 물론 내 몸이 아파 일어나지 못했을 때, 하루 1시간 정도 영상 노출을 한 적도 있다는 것을 고백한다. 그러나 외식하거나 친구를 만났을 때 어른들 편하게 대화하자고 영상을 보여주지는 않았다. 아이 데리고 만나서 뭐 얼마나 대단한 대화를 하겠다고 영상을 보여주어야 하는지, 단지 그 순간을 모면하기 위함이 아니었을지.

나름의 소신으로 미디어는 차단했는데 기관에 가니 일정 시간 바로 노출이다. 안전을 위한 교육이나 재난 상황, 위험 상황 등은 재연할 수가 없으니 영상으로 하는 것에 동의한다. 그래서 또 집에서라도 미디어를 차단하자고 생각한다. 아니 그런데 노력할 것도 없이 아이가 기관에 가니 바빠서 집에서는 미디어를 접할 시간이 없다. 정말 너무 바빠진 아이다.

장난감을 사주지 않는 이유

우리 집에는 제대로 된 장난감이 없다. 물려받았거나, 중고로 저렴하게 샀거나, 어디서 주워 온 것이 대부분이다. 이런 장난감들의 문제점은 새것이 아니라는 데 있지 않다. 부품 몇 개 빠진 것도 노는 데 있어 크게 문제가 되지는 않는다. 내가 생각하는 문제점은 장난감을 고르는데 아이의 취향을 전혀 반영하지 못했다는 점이 문제이다.

되지도 않는 솜씨로 내가 만든 장난감도 있다. 아이가 색칠하고 직접 꾸며서 만든 장난감들도 있다. 이 장난감들은 아이의 취향이 반영되어 잘 가지고 놀고 소중히 여기지만 집의 미관을 해친다는 데 있다. 아이가 잘 놀면 되었지, 집의 미관이 뭐가 중요하냐고? 집에 있으면 그 장난감들만 노려 보고 있는 나를 발견한다. 어떻게 치우지 호시탐탐 노리면서.

눈에서 멀어지면 마음도 멀어진다고 했던가. 규리가 잘 가지고 놀지 않는 장난감은 눈에 안 보이게 했다. 물론 '그거 어디 갔지?' 하면서 장난감을 찾으면 꺼내준다. 붙박이장이나 창고 깊숙이 넣어두면 나조차도 거기 그 장난감이 있다는 걸 잊어버리는 때가 온다. 화석처럼 가지고 노는 시기가 한참 지나버린 장난감이 나올 때도 있다. 그때 미련 없이 장난감을 처리한다.

아이 키우는 집에 제대로 된 장난감이 없다는 것이 늘 마음에 걸렸다. 외동아이 장난감 사줄 돈이 아까워서 안 사준 것은 아니다. 나름의 이유가 장난감을 최소화하여 사는 것을 합리화시켜주었다.

첫째, 아이를 낳기 전의 나는 미니멀 라이프를 지향했다. 아이를 낳았다고 해서 아이의 취향만 고려하고 내 취향을 무시하는 건 안 된다고 생각했다. 나는 간결하게 살고 싶은데도 아이의 물건들에 집의 일정 공간을 내어준 건 어쩔 수 없이 내가 양보한 부분이다. 장난감이 많아지면 치우는 데도 너무 많은 시간과 에너지가 들어간다. 가정보육을 하면 할 일이 많은데 장난감 치우는 데까지 시간을 많이 뺏길 수는 없었다. 장난감을 치우는 것으로 내 인생을 채우기도 싫었다. 또 장난감으로 가득한 집보다 빈 여백이 보이는 집도 아이에게 '환경'이 될 수 있다고 생각했다. 어쩌면 아이에게 '여백의 미'를 알려주고 싶었는지도 모른다.

둘째, 아이들 장난감들이 대부분 플라스틱으로 만들어졌다는 것도 이유가 되었다. 아이 낳기 전부터 제로 웨이스트에 관심을 가지고 쓰레기를 줄이는 노력을 했다. 그런데 요즘 들어 자꾸 제로 웨이스트, 플라스틱 줄이기, 미세플라스틱 문제가 도마 위에 오른다. 서점가에서도 환경 관련 도서들을 찾아보는 것이 어렵지 않고 방송에서도, SNS에서도 쉽게 찾아볼 수 있는 단어가 되었다. 그만큼 환경이 오염되었다는 것도 있겠고, 코로나바이러스도 환경을 훼손하는 과정에서 발생했을 수 있다고 하니 말이다.

다양한 색깔로 오래 사용할 수 있으며 저렴한 재료가 플라스틱이다. 그래서 아이들 장난감에 플라스틱이 그렇게 많은가 보다. 특히나 물고 빨고 입으로 가져가는 구강기 시기의 아가들의 경우엔 플라스틱 장난감, 플라스틱 젖병이 안 좋다고 생각한다. 이미 가지고 있는 플라스틱은 어쩔 수 없더라도 새 물건을 살 때 플라스틱을 자제하다 보니 아이 장난감을 거의 사지 않게 되었다.

셋째, 장난감 가지고 노는 것보다 규리랑 같이 밖에 나가서 놀고 싶었다. 손잡고 걷기도 하고 식물, 곤충도 들여다보고, 모래 놀이도 하고 물놀이도 하고 나는 그렇게 노는 게 좋다. 더우면 더운 대로 땀도 좀 흘리면서 놀고 집에 와서 씻었을 때의 개운함을 아이도 느끼기를. 추우면 추워서 오들오들 떨며 코끝 빨개져서는 문 열고 집에 들어설 때 따뜻한 온기를 알 수 있기를. 엄마가 주는 밥의 따뜻함을 온몸으로 느끼기를 바랐다. 물론 힘들다. 그런데 하나만 물어보자. 집에서 장난감으로 아이와 노는 것은 힘이 덜 들까? 이쪽이나 저쪽이나 힘든 건 매한가지다. 심지어 장난감으로 놀아주고 나서는 치우기까지 해야 한다.

넷째, 장난감을 사면 며칠은 좋아하다가 관심이 금방 사그라든다. 엄마가 좋아하면서 가지고 놀면 또 며칠 그 장난감을 가지고 놀기도 한다. 그런데 처음 살 때만큼은 아니다. 결국, 집구석 어딘가에 먼지만 쌓인 채로 장난감이 방치된다. 나는 쓰레기를 비싼 돈 주고 산 셈이 된다.

이런 몇 가지 이유로 장난감에 인색한 엄마가 되었다. 물론 규리가 좋아하는 장난감은 언제든 놀 수 있게 규리 손이 닿는 곳에 펼쳐놓았다. 다만 내 몸이 너무 아파서 꼼짝을 못하지 않는 한, 장난감으로 놀기보다 밖으로 나가 숲에서, 놀이터에서 신나게 놀고 싶다.

특별하게 재미있는 놀이터들

경기도 과천에 있는 국립과천과학관에 가면 야외에 이색 놀이터가 있다. '별난 공간'이라는 이름처럼 놀이터가 참 별나다는 생각이 든다. 처음 시선을 끄는 것은 전체적으로 노란색인 놀이 시설들이다. 노란색이 원래 주의를 끄는 색이지 않나. 어린이들과 잘 어울리는 노란색이어서 경쾌한 느낌이 들었다. 사진을 대충 찍어도 예쁘게 나오니까 엄마들 감성도 충전된다. 별난 공간임이 틀림없다.

별난 공간이 특별하다고 느껴지는 이유는 놀이터 바닥이 울퉁불퉁 하다는 것이다. 보통의 놀이터 바닥은 평평한 경우가 많아서 이 울퉁불퉁한 바닥의 놀이터를 처음 봤을 때 너무 신이 나서 아이 손을 잡고 뛰어다녔다. 저절로 뛰어 보고 싶게 만드는 놀이터랄까. 놀이터 같지 않은 바닥이 오래된 선입견을 무너뜨려 주었다.

놀이터에 예사로운 것이 하나도 없다. 흔한 그물 놀이도 다른 놀이터보다 길게 되어 있어서 아이들의 지구력을 기를 수 있을 것 같다. 그네도 혼자 타는 그네가 아니라 여럿이 같이 타게 만들어져 있었다. 그네를 한참 타다가 누군가 와서 타려고 해도 같이 타면 그만이었다. 동글동글 달팽이 집처럼 생긴 놀이 시설은 도대체 어디서부터 시작해야 하는지, 어디가 끝인지 알 수 없어 더 재미있었다. 높은 타워처럼 생긴 정글짐에 올라가면 과학관의 상징인 천체 돔이나 우주 항공이 보여서 마치 우주선을 탄 것 같은 분위기였다.

햇볕이 내리쬐는 시간에 놀이터에서 놀다 보면 땀이 나고 덥다. 주기적인 시간에 맞춰 물을 안개처럼 분사해준다. 별 것 아니지만 맞아보니 시원했다. 아이들은 이런 거 너무 좋아한다. 어린이들을 배려한 점이 돋보이는 놀이터이다.

별난 공간의 하이라이트는 언덕 위에 설치된 3개의 미끄럼틀이다. 구불구불하면서도 긴 미끄럼틀은 어른인 나도 한번 타보고 싶은 미끄럼틀이었다. 규리가 내 손을 잡고 언덕을 올라갔다. 미끄럼틀을 같이 타자고 했지만, 미끄럼틀이 생각보다 좁아서 같이 탈 수는 없었다. 내가 먼저 타고 규리를 태웠다. 언덕에 있어서인지 속도도 빠르다. 아이들은 좋겠다. 이걸 마음껏 타고 놀아도 되는 나이라서. 왜 내가 어렸을 때는 이런 놀이터가 없었을까.

과천과학관은 실내 시설이 많다. 과학관, 곤충체험관, 천체투영관 등등이다. 실내 시설들만 제대로 둘러보아도 하루가 다 갈 정도로 과학관 시설이 잘 되어 있다. 그런데 꼭 나 같은 사람이 문제다. 실내에만 있는 것을 좋아하지 않는 사람들. 천장이 있고 벽이 있는 실내가 답답하게 느껴진다면 야외에 있는 별난 공간에서 아이와 놀아줄 수 있다. 야외에서 놀다가 덥거나 추우면 다시 실내로 들어가도 된다.

처음엔 무슨 과학관에 놀이터가 있을까 했는데 이제는 과천과학관에 방문할 때마다 제일 먼저 달려가 노는 곳이 되었다.

위험한 놀이터

아이와 함께 놀이터에 가보면 아이들이 혹시나 다칠까 염려스러워 아이의 꽁무니를 따라다니는 엄마들을 볼 수 있다. 어린 아기의 경우에는 마땅히 그래야 한다. 그런데 아이가 충분히 할 수 있는데도 "엄마가 도와줄게.", "엄마가 잡아줄게.", "엄마랑 같이하자." 같은 말을 하는 엄마를 많이 봤다. 나도 아이를 키우는 처지에서 이해 못 하는 것은 아니지만 굳이 성인 어른의 몸을 어린이 놀이터에 구겨 넣으면서까지 따라다니는 것은 과잉보호 같다. 아이가 '아직 어리다'는 것은 대체 몇 살까지일까.

서울랜드 안에 있는 위험한 놀이터에 가본 적이 있다. 마치 공사판처럼 생긴 이곳에서 아이들이 놀고 있었다. 생소한 풍경이었다. 나무 상자에 뚝딱뚝딱 망치질하고, 삽으로 땅을 파거나, 나무토막으로 소꿉놀이를 하는 모습이었다. 아이들의 표정은 어느 때보다 진지했고 "이제 그만 가자."라고 하는 부모님께 "가기 싫어.", "더 놀고 싶어."라고 했다. '아이들이 혹시 못에 찔리지는 않을까? 망치로 손가락을 내리치진 않을까? 나무 가시가 손에 박히면 어떡하지?' 같은 걱정에 내가 더 안절부절못했다.

위험한 놀이터는 말한다. 아이의 나이에 맞는 적절한 위험을 제공하여 아이들 스스로 위험으로부터 자신을 지켜낼 수 있게 된다고. 어른들이 고민하고 걱정해야 하는 것은 위험 자체가 아니라 위험한 정도의 적절함이다.

한 번 다치고 나면 다음엔 다시 안 하겠지. 물론 그렇다고 해서 다쳐봐야 한다는 생각은 아니다. 스스로 무엇을 할 수 있고 할 수 없는지 아이가 알아가는 과정이 필요하다는 거다. 어제는 정글짐에 못 오르던 아이가 오늘은 정글짐에 한 발을 올리고 두 발 다 올리게 되면 스스로 성취감을 느끼고 성장할 수 있지 않을까. 어른들은 같은 놀이터에서 아이가 어제까지 못하던 것을 오늘은 해내는 모습을 보며 '아이가 또 자랐구나.' 기특하고 뿌듯할 수 있다. 어른들이 나서서 지레짐작으로 '우리 아이는 이거 못해.' 하며 아이의 가능성을 막아버리는 건 아이에게도 좋지 않은 결과를 초래하지 않을까. 놀이터에서 어른들이 할 일은 "안 돼.", "조심해." 가 아니라 자신의 힘으로 모험 중인 아이에게 격려와 응원의 손뼉을 치는 일이다.

물놀이터

코로나로 2019년 이후 3년 만에 물놀이터가 운영을 시작했다. 그동안 코로나 때문에 아이들로 북적였어야 할 놀이터도 비수기였다. 코로나가 잠잠해 지면서 놀이터에 물이 채워지기 시작했다. 뜨거운 여름 땡볕에서만 놀던 아이가 물놀이터를 접했다.

"와~~~ 엄마 저기서 물이 나와!"

아이는 놀아본 적이 없어서 잘 놀지도 못하면서 환호성이었다. 5분에 한 번씩 물을 부어주는 물 바구니는 보기만 해도 시원했다. 더운 날 쏴 쏟아지는 물소리가 그렇게 시원한 줄 잊고 살았다. 아이는 물을 튀기면서 뛰어다니기도 하고 첨벙첨벙 물장구도 쳤다. 매일 타던 미끄럼틀도 물이 있으니 워터 슬라이드가 되어서 미끄럽고 속도가 나서 더 재미있어 보였다. 물놀이터 가장자리에 앉아서 발을 담그고 이야기도 나눴다. 쉬는 시간에는 미리 준비해 간 유자차, 고구마말랭이, 과일 등등을 먹으며 에너지를 보충했다.

욕조에서만 물놀이를 해주던 지난 2년이 떠올랐다. 너무 비좁아서 아이 혼자 들어가게 하고 거품을 풀어주거나 물풍선을 가득 불어서 벽에 터뜨렸다. 천장은 낮았고 사방은 벽이어서 내 마음도 딱 화장실 크기만

큼의 한계가 생기는 느낌이었다. 욕조는 아무리 넓어도 야외 물놀이터처럼 뛰어다닐 공간은 안 나온다. 층간소음 때문에 신이 나도 소리 지를 수 없고 뛰어서도 안 된다. 아이의 행동반경도 욕조 크기로 제한 되는 것이다.

그러다가 처음 물놀이터에 갔을 때의 느낌은 해방이었다. 여기서는 마음껏 뛰어놀아도 되고 성인인 나도 같이 놀 수 있구나! 아이가 신이 나면 소리를 질러도 괜찮았다. 아무도 뭐라고 하지 않았고 나도 아이에게 "뛰지 마, 소리 지르면 안 돼." 같은 잔소리를 하지 않아도 되었다. 그 해방감이 좋았고 자유로움이 좋았다.

물놀이터를 운영해도 불안함은 여전하다. 물놀이터에서는 마스크를 써도 젖어버리니까 마스크를 벗고 물놀이를 했다. 게다가 사람이 많으니 코로나 외에도 수족구병, 감기, 장염 등등 전염병 걱정이 고개를 들었다. 물도 매일 새로 받는다고 하지만 어른들도 들어가서 같이 노니까 물놀이터의 순환 구조 때문에 물이 금방 뿌옇게 더러워졌다. 신고 어디를 갔을지 모르는 크록스로 물놀이터에 들어오기도 하고, 반려견이 물놀이터 근처에서 뛰어놀기도 한다. 물놀이가 익숙하지 않아 수영장인 줄 아는 규리는 헤엄을 치다가 물을 마시기도 했다. 위생상 그리 좋아 보이지는 않는다.

물놀이터가 쉬었던 오랜 기간, 폐타이어에 색을 칠해 만들었다는 물놀이터의 바닥은 강한 직사광선과 자외선을 받아 마모되었다. 그 과정에서 어떤 화학물질이 발생 되었을지는 모르는 일이다. 거기에 물을 붓는다면 어떻게 될까? 그래서 물놀이터 바닥엔 작은 알갱이들이 떠다니는 건지도 모르겠다.

여러모로 걱정스럽다. 날은 더워지고 에너지 넘치는 아이를 어떻게 놀아줘야 할지 잘 모르겠다. 이제는 욕조도 1년만큼 더 자란 아이가 놀기에는 작은 느낌이다. 초등학교에서는 생존 수영을 배운다는데 수영 레슨을 끊어서 유아 수영을 시작해야 하나. 수업 끝나고 수영 가방 챙겨서 씻고 나오지도 못할 것 같다. 돈을 더 내면 선생님이 아이를 씻겨주는 데도 있단다.

시원한 호텔로 호캉스를 가서 호텔 수영장에서 고급스럽게 수영해볼까. 엄마 아빠와 워터파크 가서 신나게 노는 것이 추억일까. 계곡이나 바다를 찾아다녀야 할까. 돈 걱정이 없다면 뭔들 못하겠냐만 돈 쓰지 않고 놀 궁리를 하다 보면 역시 답은 물놀이터다. 사실 물놀이터나 수영장, 호텔 수영장, 워터파크, 계곡, 바다. 물과 사람들이 있는 곳이라면 그 어디에도 전염병의 위험은 존재하는 것이다.

가볼 만한 놀이터 리스트

서울 광나루 모두의 놀이터

전남 순천 기적의 놀이터

경기도 과천 서울랜드 위험한 놀이터

경기도 용인 만골근린공원 놀이터

경남 울산 대왕별 아이누리 놀이터

경기도 시흥 배곧 한울 공원 모래놀이터

경북 성주 놀벤져스

생태놀이터 아이 뜨락

창의 어린이 놀이터 꿈틀

집 앞 놀이터.

PART 5.
요즘 육아 트렌드 책 육아

책 육아의 시작

정확히 언제부터 규리에게 책을 읽어주기 시작했는지 기억나지 않는다. 언제부터일까. 규리가 태어났을 때부터일까? 태교용으로 엄마 목소리, 아빠 목소리를 들려주는 책을 읽을 때부터일까? 아니면 태교로 내 책을 읽은 것도 포함일까? 아니면 보통 엄마들이 말하는 유아 전집을 들이면서부터일까?

규리의 돌이 지나고 처음으로 유아 전집을 샀다. 가장 쉽게 접할 수 있는 책이 생활동화였다. 생활동화이니 일상에서 종종 접할 수 있는 상황을 내용으로 꾸며 어렵지 않았다. 그림의 캐릭터도 귀여웠고 대화체가 많아서 규리의 흥미를 끌었다. 나도 규리도 생활동화를 무척 좋아했다. 책을 읽어주는 나, 그림만 보는 규리나 둘 다 책의 대사를 다 외울 정도로 반복해서 읽었다. 팝업북이 아닌데도 책이 너덜너덜해졌다. 첫 전집이 소위 대박이었다.

그림책과 비슷한 상황이 일상에서 연출되면 규리가 툭 대사를 내뱉었다. 그럼 나도 그다음 대사로 맞장구를 쳐줬다. 생활동화 전집을 일상 속에서 몇 번씩 따라 하고 나서야 다른 전집을 사야겠다는 생각이 들었다. 검색을 해보니 유아 전집 시장은 규모가 컸다. 책의 종류도 다양했고 출판사도 다양했다. 선생님이 집에 오셔서 책과 교구로 수업을 하는 방문 수업 프로그램도 있었다. 가격은 교구까지 해서 이백만 원이 넘는 것들도 있었다.

그때부터 중고 시장에 발을 내디뎠다. 중고 카페도 이용했고, 지역 맘 카페도 이용했다. 개똥이네는 새 책 같은 중고 책을 직접 보고 살 수 있다는 장점이 있었다. 책을 가장 많이 산 곳은 지역을 기반으로 한 당근마켓이다. 앱을 내려받고 몇 번의 메시지를 주고받으면 아주 저렴한 가격으로 책을 살 수 있었다. 유명 전집일수록 중고 시장에 물건이 많아서 단돈 몇만 원에 전집 한 질을 살 수 있었다!

그렇게 의도하지 않았지만, 규리는 어린 나이에 글 밥이 많은 책을 잘 보게 되었다. 물론 글자를 읽지 못하니 그림만 보고 내가 읽어주는 것을 듣는 거였다. 글 밥이라는 건 읽어주는 사람을 힘들게 만드는 원인이지만, 아이의 집중력과도 큰 관련이 있다. 가랑비에 옷 젖듯이 나도 모르게 서서히 책의 글 밥이 늘어나면서 규리의 집중력도 늘어났다고 생각한다.

　그림책을 읽어줄 때는 대부분 규리를 내 무릎 위에 앉혀놓고 읽었다. 생활동화부터 시작해서 세 돌까지 그렇게 책을 읽어주었으니 만 2년은 내 무릎으로 책을 읽어준 셈이다. 또래와 비교하면 규리는 체구가 작은 편이라 무릎에서 책 읽기가 가능했다. 아이의 앉은키가 크면 엄마 무릎에 앉았을 때 책이 보이지 않아 읽어줄 수가 없다. 체구가 작은 것은 가정보육을 하는 나를 따라다니는 꼬리표 같은 것이었지만 책을 읽어줄 때는 참 좋았다. 아이가 작으니 내 품에 쏙 들어오고도 책을 읽어줄 수 있더라. 키가 86cm~90cm까지 자라는데 1년 가까이 걸렸다. 그때의 아이를 내 무릎에 앉히면 아이의 머리통이 내 코 아래까지 왔다. 아이의 머릿내가 고소했다. 얇은 머리카락이 내 턱과 인중을 간지럽히는 느낌도 좋았다. 가정보육을 하면서 규리와 24시간 붙어 지냈지만, 그림책을 읽어줄 때 가장 스킨십이 많았다. 우리 모녀는 몸을 꼭 밀착시킨 채로 책을 읽었던 거다. 책을 읽을 때만큼은 규리를 맘껏 안고 있어도 되었다.

　나도 규리와의 스킨십이 이렇게 생생하게 기억날 정도로 좋았는데, 규리는 어땠을까. 스킨십이 아이들의 정서에 얼마나 좋은지는 굳이 이야기하지 않겠다. 수많은 육아서에서 유아기 스킨십의 중요성에 관해 이야기하고 있다. 육아서까지 가지 않더라도 규리는 스킨십을 좋아했다. 책을 안 읽을 때도 무릎에 앉아 있었던 적도 있다. 어떨 때는 엄마와 스킨십을 하려고 책 읽는 시간을 견뎠던 것 같기도 하다. 꼬물꼬물 움직이면서도 내 품에서 벗어나지는 않았다. 잠시도 가만히 있지 못하는 3살, 4살이!

규리가 세 돌이 지나면서 무릎으로 책 읽어주기가 버거워졌다. 키도 컸고 몸무게도 늘었다. 이제는 그냥 아이 옆에 앉아서 책을 읽어준다. 무릎이 뭐라고. 책 읽어주기가 일이 되어버렸다. 내가 책 읽어주는 기계가 된 것 같은 느낌이랄까. 앉아서 읽기 시작하면서는 무릎이 아니라 허리로 읽어주는 책이 되었다. 허리가 아프지 않을 정도로만 책을 읽게 되었다. 아이 스스로 책을 읽는 '읽기 독립'을 할 때가 된 것일까. 규리의 머릿내를 맡으며 품에 안고 그림책을 읽어주던 그 시간이 그리운 요즘이다.

그저 책이 좋아서

나는 어렸을 때부터 책을 좋아했다. 서류를 작성할 때 취미란에는 늘 '독서'라고 적었고, 고등학교 때 도서부에서 활동했다. 대학 때는 독서토론을 7년 넘게 참여했다. 스스로 활자 중독인가 생각할 만큼 뭔가를 읽는 것을 좋아한다. 그저 책이 좋아서, 임신하고 태교로도 책을 읽었다.

책을 좋아하게 된 계기는 나의 어린 시절로 돌아가 봐야 알 수 있다. 내가 어렸을 때 우리 집 앞 마트 입구에는 장난감 가게가 있었는데 지금 생각해도 거기는 별천지였다. 값비싼 레고가 마음에 들었고, 배를 오픈해서 아기 인형을 꺼낼 수 있는 임산부 쥬쥬 인형이 갖고 싶었다. 마트에 갈 때마다 엄마를 졸랐다. 엄마는 장난감을 사주지 않았다. 그러다 몇 조각 들어있는 작은 레고를 사주셨다. 그런데 레고를 해보면 안다. 한 번 조립 설명서대로 맞추고 나면 그다음엔 창작 레고를 하게 되는데, 조각이 부족했다. 뭘 만들 수가 없을 만큼 작은 레고였다. 엄마는 동네 엄마들과 친해져서 레고가 많은 집에 데려가 주었다. 난 정말 다음 생엔 레고가 많은 집의 딸로 태어나고 싶다고 생각했다.

그런 엄마가 조르지 않아도 사주는 것이 바로 책이었다. 마트 내부에 작은 서점도 있었는데 나에게 거기서 책을 읽고 있으라고 하고 동생과 장을 보러 갔다. 엄마가 장을 다 보고 오면 읽던 책을 중단해야 하는 게 싫었다. 더 읽고 싶다고 하면 엄마는 별다른 말 없이 책을 사주셨다. 장난감은 졸라도 사주지 않던 엄마가 책은 많이 사주셨다.

초등학교에 다니기 시작하면서 제일 좋았던 것이 학교 도서실이었다. 초등학교는 책을 빌려주는 곳을 도서관이라고 하지 않고 교실 하나를 도서관처럼 꾸며 놓았던 것 같다. 무료로 읽고 싶은 책을 2권까지 빌릴 수 있었다. 학교 끝나고 매일 도서실에 가서 책을 읽고 또 책을 빌렸다. 9살부터 다독상을 받기 시작해서 중학교, 고등학교, 대학교에서까지 다독상을 받았다. 이름만 대면 알법한 스테디셀러 학습만화는 30년이 지난 지금도 내용이 기억날 정도로 반복해서 읽었다. 특히 좋아했던 책은 창작 동화책이다. 창작 동화책은 소설 읽기로 발전했고 독후감을 쓰는 것으로 심화했다. 성인이 되어서는 누가 시킨 것도 아닌데 책 내용을 기억하기 위해 블로그에 독후감을 쓰기 시작했다. 그렇게 쓴 독후감이 약 350건이 넘었다. 어쩌면 그것이 이 책을 쓰게 된 밑바탕이 된 것 같다.

어렸을 때는 그저 재미로 책을 읽었다면, 어른이 되고 나서 필요 때문에 책을 읽는다. 누가 알려주지 않는 육아, 재테크, 투자 관련 책은 읽으면서 하나씩 내 삶에 적용해 볼 수 있었다. 힘들어 주저앉고 싶을 때도 책은 '괜찮아, 조금 쉬었다 가, 너만 그런 게 아니야.' 같은 위로가 되어준다. 학교에서 배우지 않지만 살면서 필요한 지식과 지혜를 구할 수 있다. 답이 없는 인생사에서 어떻게 살아야 할지 모르겠을 때 어김없이 책을 펼친다. 책에도 정답은 없지만, 더 나다운 선택을 할 수 있도록 도와준다.

요즘 육아 트렌드는 책 육아이다. 육아서 하나 걸러 하나에 책 육아에 관한 이야기가 있다. 아기에게 책을 읽어주기만 했는데 저절로 한글을 떼고 책의 바다에 빠지고, 사교육 없이 공부를 잘하는 아이로 성장했단다. 그래서 너도나도 비싼 전집을 들이고 세이펜을 사서 그림책을 읽게 한다. 이런 이야기가 완전히 틀렸다는 것은 아니다. 나도 그런 점을 기대하며 책을 읽어주기도 하니까. 다만 책 육아의 밝은 면만 보고 책 육아를 고집하지 않았으면 좋겠다.

엄마인 내가 책을 좋아하고 가까이 살았으니, 내가 좋아하는 것을 아이와 함께 나누고 싶다는 마음이 가장 크다. 나의 취향 때문에 규리는 아기 띠에 매여 도서관에 다녔고, 서점에서 걸음마를 했다. 그림책도 많이 읽었고 그림책 전시도 찾아다녔다. 규리는 나 때문에 강제로 그림책을 좋아하게 되었을 수도 있다.

"엄마, 여기 아기씨가 있네?"

길을 가다가 민들레 홀씨가 보이면 어김없이 그림책에서 본 단어를 꺼낸다. 그림책을 반복해서 읽어준 덕분에 규리와 나는 같은 책을 읽었다는 경험이 생겼다. '아기씨'라는 단어만 들어도 대화를 이어갈 수 있다. 규리 아빠는 그런 경험이 없으니 무슨 소리냐며 되묻는다. 지금은 그림책을 읽고 아이와 이야기를 나누는 게 즐겁다. 규리가 좀 더 크면 우리가 전혀 다른 세상에 사는 것 같은 날들도 찾아오겠지. 부모와 자식 간에 말도 안 통할만큼 서로 답답할 때도 생길 거다. 나는 그때 규리와 같은 책을 읽고 이야기를 나누고 싶다. 같은 책을 읽었다는 공통점 하나만 있어도 사람들은 쉽게 가까워지지 않던가. 좋아하는 가수가 같으면 처음 만난 사람과도 밤새 그 가수 이야기를 할 수 있는 것처럼 말이다.

전주의 그림 책방에서

임신하기 바로 전, 그러니까 2018년 2월이었다. 결혼했지만 아이가 없었던 때에 남편과 둘이 전라북도 전주로 여행을 갔다. 아이가 생기기 전에 열심히 다니자며 여행을 많이 다니던 때였다.

전주에 가면 한옥마을과 전동성당, 남부시장 근처를 어슬렁거렸는데 그날은 무슨 바람이 불었는지 전주의 독립서점과 책방을 순회해 보기로 마음을 먹었다. 전주교대 근처의 서학동 예술마을에는 작은 서점이 많았다. 조용하고 한적한 멋이 있던 서학동 예술마을 서점들은 서점마다 특색이 있어서 둘러보는 재미도 있었다. 그러다가 전주교대 앞에 있는 작은 규모의 책방에 들어갔다. 그곳은 그림책을 판매하는 동네 책방이었다. 그때만 해도 나는 그림책에는 관심이 없었던 때라 그림책 관련 상품만 관심 있게 살펴봤다.

"안녕하세요. 책방 소개를 좀 해도 될까요? 혹시 그림책만 판매하는 곳인지 알고 오셨을까요?"

책방 주인분의 이야기를 들어보니 자매 두 분이 운영하는 그림 책방이라고 하셨다. 그림책을 판매만 하는 것은 아니고 동네 아이들을 모아 그림책을 읽어주신다고. 타지에서 여행 온 성인에게 따뜻한 아메리카노 한 잔을 내어주시면서 또 말씀하셨다.

"제가 그림책을 좀 읽어드려도 될까요?"

나와 남편은 커피를 마시면서 책방 주인분이 읽어주시는 그림책을 보았다. 둘 다 글자를 읽을 줄 알았고, 글자만 빼곡한 책을 읽는 것이 더 익숙한 성인이었다. 자꾸만 눈이 글자로 향했다. 그림책보다 글자로 된 책을 보고 산 세월이 더 길었기 때문이다. 그분은 이런 나를 파악이라도 하신 듯 그림을 짚어주면서 책을 읽어주셨다.

'그런데 왜 책을 읽어주는 거야, 책을 사라는 건가? 부담스러운데.'

앉은 자리에서 그림책을 4권이나 읽었다. 어릴 때 부모님이 그림책을 읽어주셨겠지만, 다 큰 어른이 되어서 누군가 나에게 책을 읽어주는 것은 생소한 경험이었다. 그림을 보면서 소리를 들으면 되었다. 그림을 더 샅샅이 보면서 마음에 담았다. 과장을 좀 해보자면 작은 전시회 같았달까. 그림책의 그림은 보통 사람들이 그린 것이 아니다. 그림책 작가님들이 그림 한 컷만 봐도 내용을 이해하기 쉽게 심혈을 기울여 그린 그림들이다. 전시회라고 해도 무방한 것 같다. 그림을 주의 깊게 본 탓에 글은 짧아도 감동이 길었다.

들으면서 그림을 보니 그림이 책의 내용을 요약, 압축하고 있다. 그림책은 그림을 보는 책이구나 몸소 깨달았던 경험이었다. 글이 없는 그림책도 꽤 있는데 그림을 보는 연습이 되면 그런 책도 잘 읽을 수 있다고 하시며 글 없는 그림책도 읽어주셨다. 그리고 아이들이 글자를 읽을 줄 알게 되어도 그림책을 읽어주는 게 좋다고 하셨다. 네, 제가 글을 읽을 줄 알지만 들으면서 그림을 보니 정말 좋네요.

아이에게 그림책을 읽어주다가 힘이 들 때면 나는 전주의 그림 책방을 떠올린다. 처음 본 타인이 읽어주는 책도 이렇게 좋은데 아이가 사랑하는 엄마의 목소리로 듣는 책은 얼마나 좋을까. 전주에서의 그 생경한 경험을 떠올리면서 오늘도 규리에게 그림책을 읽어준다.

책 읽어주는 게 가장 쉬웠어요

아이에게 책을 읽어주는 게 가장 쉬웠다니 이 무슨 망언이람. 그렇지만 다시 한번 생각해보면 책 읽어주는 게 제일 쉽다. 지금껏 이야기한 숲 체험, 놀이터 육아, 책 읽어주기 중에서 당장 할 수 있는 것 하나를 고르라면 책 읽어주기가 아닐까? 보통은 집에서 편안한 옷차림으로, 편안한 자세로 책을 읽어주니 에너지도 덜 소모된다.

엄마도 여자이기에 한 달에 한 번씩 호르몬의 영향으로 꼼짝도 하기 싫은 날이 있다. 가정보육을 하면 내 몸이 아프거나 에너지가 바닥난 날에도 아이 밥은 챙겨야 하고, 아이를 돌봐야 한다. 그런 날에는 아무런 생각 없이 그저 책에 쓰여있는 것을 소리 내어 읽으면 그만이었다.

집에서 놀 때 장난감으로 놀아주다 보면 내가 먼저 지루해졌다. 장난감으로 노는 것은 몇 번 하고 나면 재미가 없고 금세 시시해졌다. 책은 달랐다. 읽을 때마다 새롭게 느껴졌다. 전에 읽을 때 놓쳤던 내용이 보이기도 하고, 많이 읽었던 책인데도 그림이 낯설어 보일 때도 있다. 여러 번 반복해서 읽어주어도 장난감처럼 쉽게 지루해지지 않았다. (이건 내가 책을 좋아해서 그런 것 같기도 하다.)

솔직히 말하면 장난감으로 놀아주는 게 싫었던 거다. 장난감은 돈을 주고 사주면 끝이 아니고 다음에 놀아주기까지 해야 한다. 애프터 서비스가 필요한 것이다. 장난감들은 하나 가지고는 어림도 없어서 다른 장난감이 또 있어야 한다. 인형을 사면 인형의 집과 인형의 옷과 인형의 가족들도 있어야 한다. 그래서 우리 집의 많은 부분을 장난감에 내어주게 된다. 널브러져 있는 장난감들은 나에게 커다란 스트레스였다. 그걸 정리하는 것도 언제나 내 몫이었고.

어떻게 생각하면 그림책도 마찬가지다. 돈을 주고 사서 읽어주기까지 해야 한다. 그러나 책이 장난감과 다른 점은 발전 가능성이 있다는 것이다. 아이가 글자를 알게 되면 혼자 책을 읽게 된다. 글자가 없고 그림만 있는 그림책도 있다. 좋아하는 책은 그림만 보더라도 혼자 읽을 때도 있다. 장난감보다 책을 살 때 마음의 죄책감도 덜하다.

인정하기 싫지만 내가 아이에게 책을 읽어주는 이유는 교육적인 이유가 크다. 책을 좋아하는 아이로 컸으면 좋겠다는 생각도 있고 책을 통해 인생의 해결책을 찾을 수 있을 거라는 큰 그림도 그린다. 하지만 가만히 마음을 들여다보면 그보다 더 큰 이유가 자리한다. 단체 생활을 하지 않은 아이에게 인성 관련 책들을 읽어주면서 단체 생활의 규칙, 사회 규범, 예의범절 등을 가르칠 수 있었다. 한글을 떼기를 바라면서 글 밥이 적고 자음과 모음이 굵게 처리된 책들을 읽어주었다. 수 개념을 인지하라고 각종 수학 전집도 여러 번 읽어주었다. 자연관찰도 마찬가지다. 산책하면서 나비를 봤으면 되었는데 굳이 자연관찰 책을 읽어주며 나비의 입은 긴 대롱처럼 생겼고 나비는 호랑나비, 제비나비, 흰나비가 있다고 지식적인 내용을 주입했다. 영어는 또 어떻고. 영어 그림책을 읽어주면서 아웃풋이라고 단어 하나라도 말하면 그게 그렇게 기특하고 좋았다.

결국, 내가 규리에게 책을 읽어주는 것은 엄마와 책을 읽으면서 쌓인 배경 지식이 훗날 공부를 해야 하는 나이에 도움이 되지 않을까 하는 마음이 깔린 것이다. 고작 책 읽어주면서 바라는 게 너무도 많은 나의 모습이 부끄럽다. 차라리 사교육을 시키면 욕망에 솔직하기라도 하지. 책 육아를 한다면서 그 밑바닥에 있는 공부 잘했으면 하는 마음을 이리저리 포장하는 모습이란 꼴사납다.

책을 좋아하는 아이로 컸으면 좋겠다는 이유가 전부였다면 힘든 날은 좀 쉬어가도 되지 않았을까. 책 읽어주고 싶은 날은 내가 배우라도 된 듯 코끼리가 되었다가 돼지가 되기도 했지만, 읽기 싫은 날은 억지로 읽으면서 기계음을 냈다. 억지로 하는 것은 티가 나는 법이다. 규리도 안다. 그런데 책을 좋아하는 아이로 자라길 바랄 수 있나. 그런데도 책을 놓지 못한 이유는 '책을 읽으면 뭐라도 배우겠지, 그냥 노는 것보단 낫겠지.' 싶은 엄마의 욕심과 기대 때문일 거다.

나는 엄마 세이펜입니다

유명 유·아동 전집에는 구석에 조그맣게 기호가 표기되어 있다. 세이펜 가능. 세이펜은 펜 모양으로 생겨서 그림에 세이펜을 가져다 대면 그 페이지를 읽어주는 똑똑한 기기이다. 육아하며 없어선 안 될 아이템 3가지인 건조기, 식기세척기, 로봇청소기 다음으로 꼽히는 게 세이펜 같다. 실제로 세이펜은 바쁜 엄마를 대신해 아이에게 책을 읽어주는 좋은 아이템이라 생각한다. 영상을 보여주는 것보다는 책을 읽어주는 게 낫다는 생각도 든다.

우리 집엔 세이펜이 없다. 주변 엄마들이 좋다고 해서 세이펜과 기능을 비슷하게 만든 옥토넛 펜을 산 적은 있다. 그런데 규리가 처음에만 관심을 두고 며칠 지나니 심드렁해졌다. 리더기도 마찬가지. 처음엔 신기해서 그런 건지 좋아하더니 일주일을 못 갔다. 둘 다 어딘가에 처박혀 먼지만 쌓여 가고 있겠지.

우리 집에 세이펜이 없는 건, 책을 읽을 때 엄마가 읽어주는 것이 세이펜 보다 아이에게 더 좋다는 그런 거창한 이유가 아니다. 엄마인 나의 편리 때문이다. 나는 기계치에 가까운 사람이라 세이펜에 하나하나 음원을 찾아서 넣고, 배터리가 방전되기 전에 충전을 제때 해야 하는 일련의 행위들이 너무 귀찮다. 어딘가에 갈 땐 세이펜에 음원을 넣어놓은 책과 세이펜을 챙겨야 할 거고, 책을 구입할 때도 세이펜 음원이 제공되는 책을 주로 사게 되겠지. 그래봐야 기기일 뿐인 세이펜이 내 행동과 선택에 너무 제약을 준다는 생각이 들었다. 기계 때문에 책을 골라서야 되겠나. 어디까지나 책을 선택하는 건 사람이어야 한다.

세이펜 음원이 제공되는 책은 대부분 전집이라 비싸기도 하다. 세이펜도 비싼데 세이펜으로 읽을 수 있는 책은 더 비싸다. 나는 아이에게 책을 읽어주면서 유익하지만 유명하지 않은 단행본을 찾는 재미도 같이 누리고 싶은데 대부분의 단행본은 세이펜이 안 되는 것으로 안다. 정작 아이가 좋아하는 책은 세이펜이 안되는 것이다. 또 하나, 규리가 5살이 되고서는 영어로 된 그림책도 읽어주고 있는데 원서도 세이펜이 적용되지 않는 게 많다. 그래서 세이펜을 처음부터 사지 않았다. 목이 아프고 발음도 좋지 않지만, 그냥 내 목소리로 책을 읽어준다.

세이펜은 기계니까 기분의 영향을 받지 않고 언제나 똑같은 항상성을 유지한다. 그런데 나는 사람이라서 기분이 좋지 않은 날은 딱딱하게 책을 읽을 때도 있고, 말도 하기 싫은 날엔 대충대충 빠르게 읽기도 했다. 정말이지 내가 감정 노동자가 된 기분이었다. 그럴 땐 세이펜이 있었으면 좋겠다고 속으로 되뇌었다.

책 읽어주기 싫은 날들이 며칠 지속 되면 그림책을 읽어주고 독후 활동을 해주는 카페에 갔다. 분리 수업으로 아이 혼자 선생님과 수업을 가기 때문에 엄마는 그 시간에는 쉴 수 있다. 커피 한 잔 마시면서 물끄러미 수업하는 걸 보고 있으면 집에서 내가 하는 거랑 다른 바가 없구나 싶다. 그렇게 잠시 충전하고 나면 다시 아이에게 책을 읽어줄 마음이 생겼다. 마음의 여유가 없어 책 읽어주기가 싫었던 거다. 그럴 땐 돈으로 여유를 사고 책을 읽어주고 싶은 마음을 샀다. 물론 카페 이용료도 비싸지만 원래 뭐든지 인건비가 제일 비싸다. 나를 대신해서 아이에게 책을 읽어주는 사람이 필요할 땐 이용할 수 있다고 생각한다.

아, 아이 아빠도 책을 소리 내어 읽을 줄 안다. 아빠 세이펜도 가능하다. 그런데 온종일 일하고 와서 피곤하다며 책은 읽어주지 않으려고 했다. 어쩌다가 한 번씩 읽어주게 되어도, 어쩜 그렇게 매번 같은 톤으로 책을 읽는지. 참 한결같다. 규리가 듣다가 재미없다고 엄마 세이펜에게 달려오기 일쑤였다. 그래 그림책은 내가 읽어줘야지 다짐해 본다.

동네 도서관 200% 활용하는 법

가정보육을 한다는 것은 배우자에게 집안의 경제활동을 일임한다는 이야기다. 배우자가 금수저이거나 돈을 다 쓰고도 넘치게 벌어오지 않는 평범한 직장인이라면, 절약 생활을 해야 한다는 것을 의미한다.

나는 육아의 모든 면에서 돈보다 체력과 시간을 쓰는 편이었다. 새 장난감을 사주기보다는 밖에 나가서 자연물을 가지고 놀았다. 아이의 옷은 대부분 얻어다 입혔는데 시어머님이 특별한 날에 옷을 사서 보내주시기도 했다. 내가 돈을 주고 산 옷은 40개월 동안 한 손가락 안에 꼽는다. 그러니 책 육아를 하면서도 새 책을 사줄 리 없었다. 아이 책은 중고시장을 많이 이용했다. 전집은 당근마켓이나 개똥이네에서 구매했고 단행본은 알라딘 중고서점과 YES24에서 한두 권씩 샀다. 그리고 동네 도서관을 밥 먹듯이 드나들며 아이 책을 빌렸다. 내가 사는 경기도 화성 시는 도서관에서 1인 7권 14일 대여가 가능하다. 나와 남편, 아이까지 해서 3개의 아이디로 총 21권을 빌릴 수 있다. 추가로 동네의 옆 도서관에 가면 같은 방식으로 21권을 더 빌릴 수 있다. 총 42권을 대여할 수 있다. 그 이상은 대여가 되지 않는다. 아, 한 달에 한 번 매월 마지막 주 수요일 문화가 있는 날을 이용하면 책을 2배, 3배까지 빌릴 수 있기도 하다. 42권이면 유·아동 전집 한 질을 통째로 빌릴 수도 있다. 물론 도서관에 원하는 전집이 다 꽂혀 있을 때 한해서다.

도서관이 좋았던 것은 새로 나온 지 얼마 안 된 새 전집을 빌릴 수 있다는 거였다. 중고가로 구하려야 구할 수 없는 새 전집은 돈 주고 사서 보는 방법밖엔 없는데 도서관에 희망도서 신청을 하고 대출 예약을 해서 6권씩 빌려볼 수 있었다. 그걸 몇 번 반복하면 전집 한 질도 볼 수 있다. 상호 대차를 이용하면 멀리 있는 도서관에 있는 책을 집 근처 도서관에서 빌릴 수도 있다. 너무 멀어서 해당 도서관에 직접 갈 수 없을 땐 상호 대차 서비스를 적극적으로 활용했다.

코로나 초기에는 공공기관인 도서관 이용시간이 무척 짧았다. 온라인으로 대출목록을 작성하면 사서 선생님이 책을 챙겨놓았다가 빌려 가는 시간을 정해주면 그때 가서 책을 건네받아야 했다. 책을 거의 빌리지 못했다. 그 후로 코로나는 더 심해졌는데 그 덕을 본 것도 있었다. 타 도서관에 가는 것을 방지하려고 타관 도서 반납함이 24시간 열려 있게 된 것이다. 차로 20분 가야 하는 도서관에서 빌린 책을 집 앞 도서관에 반납할 수가 있었다. 가정보육을 하니까 아이와 반납할 책을 챙겨 운전하는 것이 체력 소모가 컸다. 타관 도서 반납함이 24시간 열리고서는 유모차 아래에 반납할 책들을 싣고 아이와 산책 할 겸 휙 다녀오면 되었다. 지금 타관 도서 반납함은 코로나 이전처럼 오후 6시 이후에 열리고 오전 9시에 닫힌다.

도서관에서 하는 행사도 유용하다. 코로나 이후 전부 비대면 행사로 바뀌긴 했지만, 꾸러미를 받아가서 줌으로 수업을 들으면서 만들기를 한다. 집에만 있을 때는 이만한 육아 도우미가 없다고 생각했다. 도서관에서는 큐레이션의 일종으로 그림책 전시를 한다. 그림책 원화 전시를 하기도 하고, 그림책을 주제별로 선정해서 전시하는 경우에는 그림책 내용과 알맞은 편지쓰기, 색칠하기 등등이 같이 있어서 독후 활동을 하기에도 좋았다.

어린이들에게 매년 그림책 2권씩을 선물해주는 북스타트도 있다. 북스타트는 북스타트코리아와 지역자치단체가 함께하는 지역사회 문화 운동 프로그램이다. 우리나라는 66% 지자체에서 300여 개 도서관이 약 1000개의 연계기관과 연대하여 실시한다고 하니 북스타트코리아 홈페이지에 들어가서 확인해보면 된다. 내 아이는 북스타트 플러스(19-35개월), 북스타트 보물상자(36개월-취학 전)까지 두 번 그림책이 든 가방을 선물 받았다.

요즘은 도서관들이 잘 되어 있어서 책만 읽는 지루한 곳이 아니다. 오래된 도서관들은 새 단장을 하면서 특색있는 도서관으로 바뀌기도 한다. 성남의 중원 어린이 도서관에는 우주 체험관이 있다. 1층에는 우주 샤워실, 우주 화장실, 우주 식량 등을 전시해 놓아서 어린이들의 관심을 끈다. 3층 우주 체험관에 가면 게임과 블록 등을 통해 태양계의 행성과 달, 별자리 등에 대해 배울 수 있다. 4층에서는 태양 관측도 가능하다. 우주 체험관을 관람하고 나서는 어린이 열람실에 가서 우주 관련 책까지 읽을 수 있으니 더 좋았다. 내가 지향하는 책 육아가 가능한 곳이다.

서울 강남에 있는 국립 어린이 청소년 도서관도 추천하고 싶다. 도서관에 들어가면 커다란 기둥 책장이 눈길을 끌고 천정에는 구름 모양으로 장식이 되어 있어서 아이들에게 친근감을 준다. 1층에는 '미래 꿈 희망 창작소'(이하 미꿈소)라는 체험 공간이 있는데 그림책을 선정하여 책을 읽고 관련 독후 활동을 할 수 있게 만들어 놓았다. 미꿈소에는 다른 곳에서 쉽게 할 수 없는 3D 프린터를 이용한 활동도 있고, 로봇이 책을 읽어주는 활동들이 있어서 책을 다양한 방법으로 읽을 수 있다. 2층에 전시실에서는 특별 전시가 열리고, 증강 현실로 만나는 도서관 체험 프로그램 등을 통해서 도서관을 즐길 수 있게 했다.

아는 만큼 도서관을 200% 활용할 수 있다. 잘만 활용하면 도서관은 육아의 큰 조력자가 되어줄 것이다.

독후 활동이 뭔데요?

독후 활동이라 하면 책을 읽고 나서 책 내용과 관련된 활동을 하는 것을 의미한다. 독후 활동을 함으로써 책 내용을 더 잘 기억하기도 하고 해당 책을 좋아하게 되기도 한다. 그래서 '엄마표 독후 활동'을 검색하면 어마어마한 자료와 방법들이 나온다. 너무 많아 따라 할 수도 없는 정도이다. 이 땅의 어머님들 진정 존경스럽다.

성격상 워크시트, 만들기 같은 독후 활동은 자주 못 해준다. 몇 번 하려고 시도는 해봤다. 육아 퇴근을 하고 인터넷을 뒤져 워크시트를 찾고, 책 관련 내용의 만들기 도안을 찾기도 했다. 미리 만들어 놓기도 했고 준비물이 필요한 경우에는 규리와 함께 사러 갔다. 그리고 나서 독후 활동을 하려고 하면 진이 빠져서 재미가 없었다. 긴 준비시간에 비해 독후 활동이 너무 빨리 끝나버리니 보람도 없었다. 아이는 내 생각대로 움직여주지도 않았고 생각만큼 좋아하지도 않았다. 내 육아 퇴근 후의 금 같은 시간을 투자한 것이니 규리가 좋아해 주길 바랐다. 아이는 독후 활동을 해달라고 한 적도 없는데 내 멋대로 준비해놓고 내 멋대로 '좋아하라'라고 강요하고 있었던 게 아닐까. 누굴 위한 독후 활동인지 의문이 들기 시작했을 때 이런 방식의 독후 활동은 그만해야겠다고 생각했다.

그래서 나만이 해줄 수 있는 독후 활동을 찾았다. 가장 간단한 독후 활동은 등장인물의 대사 따라 하기. 대단한 대사가 아니어도 된다. 시시콜콜한 대사여도, 책 내용을 한 번 더 생각하게 한다는 점이 좋았다. 일상에서 그림책에 등장하는 대사를 따라 하는 것도 독후 활동이라고 생각했다.

규리가 크면서 독후 활동도 발전했다. 대사를 따라 하는 것을 넘어서 책의 주제나 주인공에 관해 대화를 나누게 되었다. "이다음은 어떻게 되었을까?", "규리는 어떻게 했을 것 같아?", "엄마는 여기서 이게 제일 좋은데 규리는 뭐가 제일 좋아?", "이건 왜 이렇게 되었지?", "여기 나오는 캐릭터는 규리를 닮았네." 이런 말들을 나누면서 책을 더 깊이 있게 읽게 되었다.

언제부터인가 낮에 놀면서 본 것들을 책으로 읽어주는 나를 아이가 따라 하기 시작했다. 보통 저녁 먹은 후부터 자기 전까지 책을 읽는 편인데 낮에 봤던 것들을 떠올려본다. 개미를 본 날은 자연관찰의 개미 책을 꺼낸다. 전집도 단행본도 상관없다. 그저 실물 사진이 들어가 있는 자연관찰 책이면 된다. 직접 보고 관찰한 것이기 때문에 아이의 집중력이 이어진다. 우리가 함께 들여다본 개미는 어떤 개미인지 종류도 알아보고, 개미의 먹이도 알아보고, 개미의 한살이도 알아볼 수 있다. 실물을 보고 와서 실물 사진을 보니 한번 읽은 건 잊어버리지도 않는다. 추가로 개미가 등장하는 창작 책을 읽어주면 좋다. 아니면 개미 책에 꼭 등장하는 진딧물과 그의 천적 무당벌레까지 읽기를 확장해도 좋다.

책 육아를 하면서 나도 아이가 책을 가져오는 대로 읽어주고 싶었다. 그런데 내가 읽어주고 싶은 책도 존재하는 법이다. 특히 자연관찰을 읽을 때는 후자 쪽이었다. 개미 책을 읽어주고 개미 책에 꼭 등장하는 진딧물과 무당벌레 책도 연계해서 읽었다. 그 후엔 개미와 진딧물, 무당벌레가 주인공으로 등장하는 창작 책으로 넘어갔다. 그리고 가까운 시일에 개미집을 보러 곤충이 있는 과학관에 갔다. '개미' 주제 하나로 이렇게 육아가 확장되는 것이다. 곤충관에 다녀온 날엔 나비와 잠자리, 사슴벌레, 장수풍뎅이, 사마귀 같은 곤충을 주제로 한 책들을 읽고, 갯벌에 다녀온 날엔 갈매기, 조개, 꽃게, 갯벌 시리즈로 읽어주었다. 동물원에 다녀오면 사자, 호랑이, 곰, 기린, 판다 같은 동물 책을 읽었다. 감자와 고구마, 사과, 딸기같이 수확체험이 가능한 것들은 실제로 체험을 하러 갔다.

자연관찰 책에는 실제 사진이 담겨 있지만 그래도 사진을 100번 보는 것보다는 한번 직접 눈으로 보는 게 낫다 여겼다. 직접경험하고 나서 책을 읽어주면 더 좋겠다고 생각했다. 자연관찰 책은 이렇게 살아 움직이는 책 읽기를 해야 한다고 생각한다. 어려운 게 아니다. 오히려 아이들의 흥미와 관심을 끌기에 가장 쉬운 분야가 자연관찰이 아닐까.

우리 집엔 TV가 있지만 잘 켜지 않는다. 아이와 상관없이 우리 부부가 TV를 잘 보지 않아서 그렇다. TV뿐만 아니라 영화도 1년에 한 편 볼까 말까 하는 수준이다. 남편과 6년 연애하면서 영화관에 세 번 가봤다면 말 다 했다. 한때 유행이었던 미니멀라이프를 삶에 적용하면서 침대와 소파를 처분했는데, TV도 처분할 것을 그랬다.

엄마 아빠가 TV와 유튜브 같은 영상 매체를 좋아하지 않으니 규리에게도 영상물 시청을 제한했다. 아니 규리는 영상물을 접할 기회가 없었다고 하는 게 맞는 표현이겠다. 그런데 영어 원서 그림책을 읽기 시작하니 독후 활동을 할 방법이 없었다. 특히 영어 그림책은 이해도를 높이고 흥미를 지속하려면 독후 활동이 필요하다고 생각했다. 나의 영어 실력은 원서를 읽고 아이에게 질문할 수 있을 정도가 안된다. 그렇다고 육아 퇴근 후에 워크시트를 찾고 만들기를 준비하는 방식의 독후 활동을 할 수는 없었다.

노래로 부르는 영어(노부영)로 영어 그림책 읽기를 시작했는데 노래를 알아야 따라 부를 수 있었다. 유튜브로 노래를 틀어놓고 같이 따라 불렀다. 그러다가 Maisy, Peppa pig 등 대화체 위주의 쉬운 영어책으로 넘어갔다. 이때 큰 도움이 되어준 것이 TV였다. 먼저 책을 읽고 나서 TV로 해당 영상을 같이 시청했다. 그리고 다시 그 책을 읽었다.

이제껏 영상물을 제한하다가 독후 활동으로 영상을 활용하니 영어로 된 영상도 집중력 있게 봤다. 책을 읽고 난 후에 영상을 보니 주인공들이 살아 움직이는 것 같아서 재미있었다. 규리는 영어로 말을 하지는 않았지만, 일상 속에서 메이지, 페파를 따라 행동하기 시작했다. 책을 읽어주지 않았다면 이해할 수 없었을 규리의 행동을 보며 '아, 그 책에 나온 걸 따라 하는 거구나.' 하고 알 수 있었다. 책을 읽어줄 때 발음이 어려웠던 단어를 얼버무렸는데 영상을 같이 보며 발음 교정을 할 수 있었다. 우리 집 애물단지였던 TV가 독후 활동을 하는 원동력이 된 것이다.

독후 활동을 한다면 엄마가 편한 방식의 독후 활동을 추천한다. 그래야 지속할 수 있다. 그런데, 독후 활동이고 뭐고 간에 책을 읽어주는 게 먼저 아닐까? '독후 활동'에서 가장 중요한 음절은 '독(讀)'인 것 같다.

책만 읽지는 않았으면 좋겠다

가정보육을 쉽게 할 수 있도록 도와준 3대 장 숲, 놀이터, 책 중에서 책을 가장 마지막에 언급한 이유는 아이들이 뛰어놀아야 할 나이에 책만 읽지는 않았으면 해서다. 아이가 책을 좋아하고 잘 읽는다면 안 읽는 것보다는 분명 나은 점이 더 많다. 그런데 아이에게 책을 읽히는 게 좋다 좋다 하는데 책만 읽히면 정말 괜찮을까?

인스타그램에 매일 그림책 읽어준 것을 모아 사진을 찍어 공유하고 있다. 남에게 보인다는 점 때문에 책을 읽어주기 싫은 날에도 억지로 읽어준 날도 있고, 읽기 싫어도 1권이라도 읽어주려고 했다. 다른 엄마들이 책 읽어주는 모습을 보면서 나도 자극받고 열심히 읽어준 날도 있었다.

그런데 하루에 30권 이상씩 꼬박꼬박 읽는다는 사진들을 볼 때면 이게 정말 가능한 일인지 의문이 든다. 제일 궁금한 것이 시간 활용. 보통의 아이들은 유치원이나 어린이집에 다녀오면 이미 저녁 먹을 시간이 되고 그 후에 책을 읽어줄 텐데 그 많은 책을 읽어줄 시간이 가능한 것인지 잘 모르겠다. 경험상 10권 읽어주는 데 한 시간이 더 걸리는데 30권 이상은 시간이 얼마나 걸릴까. 읽어주는 것만도 시간이 걸리고 독후 활동한다고 책으로 대화를 나누면 시간이 더 걸린다. 내 경우엔 아이가 오후 1시 30분에 하원을 하니까 겨우 책 읽을 시간이 나는데 말이다.

혹 책을 읽어야 한다고 놀이터에서 놀고 있는 아이에게 집에 가자고 한 것은 아닐까? 바깥 육아와 책 육아를 선택할 수 있을 때 그냥 몸이 편한 책 육아를 선택한 것은 아닐까? 그렇게 해서 책을 읽어준들 그게 무슨 의미가 있는 걸까? 되새김질할 시간도 없이 책을 읽어주는 인풋만 계속 넣어주는 게 정말 괜찮은 걸까?

책도 영상, TV, 게임처럼 일방적으로 지식을 전달하는 것일 뿐이다. 아이의 반응에 따라 책 내용이 바뀌지는 않는다는 것이다. 아이가 글을 읽을 줄 알더라도 부모가 책을 읽어주어야 하는 이유가 여기에서 기인한다. 부모가 아니더라도 사람이 책을 읽어줄 때는 아이의 반응에 따라 읽어주는 내용이 달라지게 마련이다. 괴물이 나와서 무섭다는 장면은 건너뛰기도 하고, 똥 이야기에 숨 못 쉴 정도로 웃고 있으면 다시 읽기도 하고 과장해서 읽기도 한다. 책 내용이 어려워서 이해를 못 하는 것 같을 땐 단어를 더 쉬운 것으로 바꾸기도 하고, 글 밥이 너무 많으면 글의 이해를 해치지 않는 선에서 요약해 읽기도 한다. 책 읽어주는 기계인 세이펜이나 로봇이 할 수 없는 일이 바로 이 지점이다. 매번 똑같이 책을 읽어준다는 것은 장점이 될 수도 있겠지만 치명적인 단점이 존재하는 것이다.

아이들이 좀 놀았으면 좋겠다. 그냥 노는 거 말고 뛰어다니며 놀았으면 좋겠다. 아이 때가 아니면 대체 언제 뛰어논단 말인가. 얼마 지나지 않아도 '교육'이라는 명목으로 아이를 의자에 앉혀놓고 공부를 시키지 않나. 심지어 의자에 잘 앉아 있지 못하고 뛰어다니는 아이들에게 ADHD(주의력 결핍/과잉 행동 장애)라며 프레임을 씌운다. 어른이 된 나도 매일 놀고만 싶은데 노는 게 일인 아이들이 매일 놀면 안 되는 걸까.

이렇게 말하는 나 또한 아이가 책을 좋아했으면 좋겠다는 욕심을 내려놓지는 못했다. 학습지를 시키지 않아도 책을 읽으면서 자연스럽게 한글을 떼고 스스로 책을 줄줄 읽었으면 좋겠다는 마음도 있다. 사교육을 시키지 않아도 국어, 영어, 수학 등의 교과목 공부를 잘하는 바탕이 된다는 책 육아의 효과도 보고 싶다. 그래서 뛰어놀기도 하고 책도 읽어야 하는 뫼비우스의 띠에 갇혀있다. 그래도 일단은 아이들이 건강해야 놀기도 하고 책도 읽는 것이다. 뛰어다니면서 마음껏 에너지 발산도 하고, 잘 먹고 잘 자야 체력도 좋아지는 게 아닐까 싶다.

가볼 만한 도서관 리스트

경기도 성남 중원 어린이 도서관 우주 체험관

서울 국립 어린이 청소년 도서관 미 꿈 소

서울 강북 청소년 문화 정보 도서관 상상공작소

서울 청운 문학 도서관

경기도 오산 소리울 도서관 악기 체험관

경기도 파주, 충남 세종 지혜의 숲

경기도 의정부 미술도서관

전국 기적의 도서관

경남 김해 지혜의 바다

우리 동네 도서관

나가는 글

SNS에서 가수 K 엄마의 육아일기가 화제가 된 적이 있었다. 힘든 육아 끝에 그 날 하루를 돌아보며 자필로 육아일기를 썼을 엄마의 마음은, 20년이 훌쩍 지났지만 나에게 본보기가 되었다. 그렇지만 매일 밤 육아일기를 쓸 수 있을 만큼 가정보육이 호락호락하지는 않았다.

한 권의 책이 될 원고를 쓰는 일은 생각보다 어려웠다. 포기하고 싶은 순간도 많았지만 계속 쓸 수 있었던 것은 인간의 망각 때문이었다. 예쁘기만 한 어린 시절의 규리 모습은 점점 희미해지고, 하루하루가 규리뿐인 지금 내 마음도 기억 속에서 각색되어 나 편한 대로 기억하겠지. 그래서 할 수 있는 한 많이 사진을 찍고 기록을 한다. 어떻게든 지금을 남겨놓고 싶다. 이 책은 지금을 기록하는 방법의 하나라고 생각한다.

5살 규리는 한글을 잘 읽지 못한다. 더듬더듬 '가나다라'만 읽는 수준이다. 본인이 주인공인 이 책을 지금은 읽지 못한다. 20년 후면 규리가 이 책에 담긴 엄마의 마음을 이해할 수 있을까. 훗날 삶의 굽이에서 힘든 일이 생겼을 때, 이 책이 규리에게 힘이 되어줄 수 있다면 너무 좋겠다. 물론 내가 옆에서 힘이 되어주는 게 제일 좋겠지만.

호시절에 좋은 사람들을 만나 함께 가정보육을 했다. 모임 아이 중에 규리가 11월로 생일이 제일 늦었다. 책을 쓰면서 나보다 더 오랜 기간 가정보육을 하느라 애쓰셨을 맘들께 누가 되지 않아야 한다는 부담감이 제일 컸다. '가정보육 맘' 카페에는 아이 둘, 혹은 아이 셋을 가정보육으로 키우는 분들도 더러 있었다. 나의 부족한 글이 부디 그들의 대표로 받아들여지지 않기를 바란다. 이 책이 매일 회사에서 일하고 집에 와도 쉬지도 못하고 아이들 돌보고 집안일 하느라 시간이 모자란 워킹맘들에게 죄책감의 씨앗이 되지 않기를 바란다.

만약 다시 어린이집을 보낼지 말지 고민하는 때로 돌아간다면 나는 주저 없이 그리고 기꺼이 가정보육을 선택할 것이다. 만약 둘째가 생겨 다시 기관 고민을 하게 되어도 똑같이 가정보육을 선택할 것이다. 안 하면 안 했지, 어차피 할 거라면. 해야만 하는 육아라면 진하게, 제대로 해야지.

힘들었다. 그렇지만 좋았다. 단조롭고 무미건조하고 책임감으로만 가득할 줄 알았던 나의 삼십 대가 딸 아이 덕분에 다채로웠다. 그 빛나던 청춘 이십 대보다 아이를 가정보육 하던 삼십 대의 내 모습이 더 뜨거웠다. 다시 돌아올 수 없는 아이의 어린 시절에 같이 웃고 놀고 경험할 수 있어서 더없이 행복했다.

육아도 힘든데 기관 고민까지 하느라 머리가 지끈거릴 엄마들에게 나의 이야기가 손톱만큼이라도 도움이 된다면 정말 기쁘겠다. 나의 이야기는 끝났다. 이제 당신의 차례다.

멋있게 아이 키우다가 또 어디선가 만나기를 빌며.

나는 가정보육을 선택했다

초판 1쇄 발행 | 2023년 3월 30일

지은이 | 박세경
펴낸이 | 김지연
펴낸곳 | 생각의빛

주 소 | 경기도 파주시 한빛로 70 515-501

출판등록 | 2018년 8월 6일 제 406-2018-000094호

ISBN | 979-11-6814-028-8 (03590)

원고 투고 | sangkac@nate.com

* 값 14,500원

* 생각의빛은 삶의 감동을 이끌어내는 진솔한 책을 발간하고 있습니다. 참신한 원고가 준비되셨다면 망설이지 마시고 연락주세요.